MAOTAIJIU
WENXIAN
JIZHU

茅台酒文献集注

胡玉智　夏绍模　陈志芳　编著

四川大学出版社
SICHUAN UNIVERSITY PRESS

图书在版编目（CIP）数据

茅台酒文献集注 / 胡玉智，夏绍模，陈志芳编著
. — 成都：四川大学出版社，2022.12（2023.11 重印）
ISBN 978-7-5690-5448-4

Ⅰ．①茅… Ⅱ．①胡… ②夏… ③陈… Ⅲ．①茅台酒
－文献资料 Ⅳ．① TS262.3

中国版本图书馆 CIP 数据核字（2022）第 074389 号

书　　名：茅台酒文献集注
　　　　　Maotai Jiu Wenxian Jizhu
编　　著：胡玉智　夏绍模　陈志芳

选题策划：梁　胜　陈　纯
责任编辑：梁　胜
责任校对：王　静
装帧设计：裴菊红
责任印制：王　炜

出版发行：四川大学出版社有限责任公司
　　　　　地址：成都市一环路南一段 24 号（610065）
　　　　　电话：（028）85408311（发行部）、85400276（总编室）
　　　　　电子邮箱：scupress@vip.163.com
　　　　　网址：https://press.scu.edu.cn
印前制作：四川胜翔数码印务设计有限公司
印刷装订：四川五洲彩印有限责任公司

成品尺寸：210mm×285mm
印　　张：15.75
字　　数：279 千字

版　　次：2023 年 1 月 第 1 版
印　　次：2023 年 11 月 第 2 次印刷
定　　价：80.00 元

扫码获取数字资源

四川大学出版社
微信公众号

序　言

清中后期嘉庆二十一年（1816年），《仁怀县草志》中的"茅台酒"条记载："城西茅台村制酒，为全黔第一。"[1]道光二十一年（1841年）冬，遵义知府平翰主持，儒者修成的《遵义府志》中的"茅台酒"条目记载："（《田居蚕食录》）仁怀城西茅台村制酒，黔省称第一。其料纯用高粱者，上；用杂粮者，次之。制法：煮料、和曲，即纳地窖中，弥月出窖熇之。其曲用小麦，谓之白水曲，黔人又通称大曲酒，一曰茅台烧。仁怀地瘠民贫，茅台烧房不下二十家，所费山粮，不下二万石。青黄不接之时，米价昂贵，民困于食，职此故也。"[2]

清后期云贵总督吴振棫（1792—1870年）主持，编成于咸丰四年（1854年）的《黔语》"酒"条目记载："南酒道远，价高，至不易得，寻常沽贳，皆烧春也。茅台村隶仁怀县，滨河，土人善酿，名茅台春，极清洌。"[3]尔后，周恭寿延请杨兆麟、赵恺、杨恩元主纂，民国三年（1914年）始修，至民国二十五年（1936年）刊行的《续遵义府志》，记录道光二十二年（1842年）至清末宣统三年（1911年）达七十年遵义府的重要史实，关于"茅台酒"条目记载，"（前志）出仁怀西茅台村，黔省称第一，《近泉居杂录》制法：纯用高粱作沙，煮熟，和小麦曲三分，纳酿地窖中，经月而出，蒸熇之，既熇而复酿，必经数回然后成。初曰生沙，三四轮曰燧沙，六七轮曰大回沙，以次概曰小回沙，终乃得酒可饮。其品之醇，气之香，乃百经自具，非假曲与香料而成。造法不易，他处艰于仿制，故独以茅台称也。郑君诗'酒冠黔人国'，乃于未大显张时，真赏也。往年携赴巴拿马赛会，得金牌奖，固不特黔人珍之矣。"[4]

从前人咏茅台酒的诗亦可管窥其时茅台酒的盛况。郑珍、莫友芝主持修成《遵义府志》后，郑珍应邀游仁怀厅，路过茅台酒产地，留下了著名的《茅台村》诗篇："远游临郡裔，古聚缀坡陀；酒冠黔人国，盐登赤虺河；迎秋巴雨暗，对岸蜀山多；上水无舟到，羁愁两日过。"[5]陈熙晋（1791—1851年）于道光十二年（1832年）迁仁怀直隶厅同知，有《咏茅台酒》诗，其一："茅台村酒合江柑，小阁疏帘兴易酣；独有葫芦溪上笋，一冬风味舌头甘。"[4][6]其二："村店人声沸，茅台一宿过；家惟储酒卖，船只载盐多；矗矗青杠树，潺潺赤水河；明朝具舟楫，孤梦已烟波。"陈熙晋另有诗曰："尤物移人付酒杯，荔枝滩上瘴烟开。汉家蒟酱知何物，赚得唐蒙习部来。"[6]道光年间仁怀本地文庠生卢郁芷（1831—1879年）有诗赞茅台酒："茅台香酒酽如油，三五呼朋买小舟；醉倒绿波人不觉，老渔唤醒月斜钩。"[4]清末茅台本地名人刘璜有诗涉及茅台酒："飘零辽左无家客，地老天荒剩劫灰；几度药言非玉屑，十千茅酒负金罍；唯闻息壤茉抚遍，尚有阳和黍谷回；难得相逢又相别，五云深处且衔杯。"

清咸同年间是贵州茅台酒历史上的一个重要节点。咸丰四年（1854年）春，舒光富、杨龙喜聚众千余于八月初四在桐梓县九坝场响应太平天国，部将杨金率训字黄兵踞仁怀县城达四月。之后，同治元年（1862年）石达开部与清军战于茅台村，茅台村数年间累遭兵燹而致酒坊俱焚。原经营茅台烧坊的主体——秦商，为避战祸携财物返回陕西，旋又遇同治元年（1862年）陕西回民大起义，战火阻隔，财力损失，终未返回贵州重操旧业。"咸同兵燹"结束局势平稳后，遵义盐商华联辉竞购得原有烧房旧址，寻得郑氏酒师，重建酒房，初名为"成裕烧房"，后更名为"成义酒房”，至同治八年（1869 年）依古法酿制的茅台烧酒（华茅）面向市场销售。光绪五年（1879 年），石荣霄等开办“荣太和烧坊”，后更名为“荣和烧坊”，出产回沙茅酒（王茅）。民国十八年（1929 年），贵阳商人周秉衡开办“衡昌烧坊”，后由赖永初独资收购后更名为“恒兴酒厂”，出产“赖茅”酒。

时代潮流，浩浩荡荡，薪火传承，“华茅”“王茅”“赖茅”三家迎来 1951 年至 1952 年间国有化，在中国共产党的领导下，组建贵州地方国营茅台酒厂，这是茅台酒历史上又一个重要的历史节点。

茅台酒历史的两个重要节点，就自然地将茅台酒史划分为了三个大的历史时期。即“咸同兵燹”前以秦商为主的经营时期，“咸同兵燹”后至 1949 年新中国成立之前的本土商人经营时期和新中国成立以后的国营大发展时期。秦商经营为第一时期，茅台酒随盐运发展，酒坊数十家，成为一方名酒，但销量和影响力基本囿于黔省及川滇附近。本土商人经营为第二时期，茅台酒生产逐步恢复，在国内国际获得奖牌荣誉，远销重庆、长沙、上海乃至香港等城市。国营大发展为第三时期，茅台酒声名鹊起，成为国内国际名酒，远销全国、走向世界。

限于笔者掌握相关文献、文物，茅台酒的起源还笼罩在浓厚的历史迷雾之中。有本地源流说，亦有外来说。诸说无确凿的文献与实物证据，仅为传说和推测，茅台酒因文献文物不足而留下起源之谜，解谜则有待于文献专家获取新的文献和发掘新的物证。而茅台酒历史始于西汉，兴于唐宋，盛于明清，进入民国时期新闻出版业兴起，留下了茅台酒在该时期生产、销售等文献资料。收集、整理和研究该时期的文献，免使民族精品历史湮没，似有重要意义。基于此，作者收集、整理了民国时期的图书、报刊文献，计有文学作品（含诗歌、小说、故事、散文、戏剧、日记）、新闻时评（消息、通讯与时评）、政府公告、科技论著、广告启事等两百余篇。这些文献大多数源于民国时期期刊全文数据库（1911~1949）[7]，《全国报刊索引》“中国历史文献总库·民国图书数据库”[8]，“中华古籍资料库”[9]，以及“抗日战争与近代中日关系文献数据平台”[10]。收录的文献，用简体文字横排（对于只是提及茅台酒而非直接讲述茅台酒的专著、论文、小说、散文等，只收录其中涉及茅台酒的片段），并予以注解，可资相关专业教学、科研参考。同时，将原版原文按照时间先后排列，便于读者查阅、研习和永久保存（少数因缩小版面而致模糊的，则割爱舍弃）。

是为序。

茅台学院　胡玉智　陈志芳
（原）后勤工程学院　夏绍模
2022 年 3 月

目　　录

第一章　茅台酒的文献分析

第一节　茅台酒文献及其分类

在中华民族五千年历史长河及数千年的酿造史上，其中"神秘茅台"之所以"神秘"，原因在于茅台酒史文献资料殊为难觅。较为集中的是以上海图书馆馆藏为主辑录之晚清期刊全文数据库（1833—1911年）和民国时期期刊全文数据库（1911—1949年），常规检索只能获取数十篇而已。此外，从国家图书馆及国家图书馆出版社开发的"中国历史文献总库·民国图书数据库"亦得数种茅台酒相关资料，从中国社会科学院的"抗日战争与近代中日关系文献数据平台"中又得数篇茅台酒广告文献，其他零星来源亦有数篇。由于茅台酒文献散匿于民国文献瀚海之中，本著所集难免挂一漏万。恳望知者不吝赐教，本著作者亦志在长期搜集，以为后续研析。

收集到的茅台酒相关文献两百余篇，按照文献内容、体裁的不同，把收集的文献分文学作品、新闻时评、政府公告、科技论著、广告启事共5大类，分别赋予A、B、C、D、E的分类代号（简称类号）。在E类中，按照茅台酒品牌依次分为华茅酒广告（类号E1）、王茅酒广告（类号E2）、赖茅酒广告（类号E3）、圆椒图茅台酒广告（类号E4）、越茅酒广告（类号E5）、回沙茅酒广告（类号E6）；剩余无品牌茅台酒广告中，四川土产公司茅台酒广告较多，单独成类（类号E7），余下归入其他类（类号E8）。

文学作品（A）有15篇，包括诗歌、小说、故事、散文、戏剧、日记。

新闻时评（B）有49篇，包括消息、通讯与时评，其中时评文章数量为多，这也是民国时期小报小刊的一个特色。

政府公告（C）有5篇。其中1篇为税务公告，系四川印花烟酒税局转呈江津县关于茅台酒输入四川的税率报告及财政部批复；4篇为商标公告，分别是王茅、华茅、赖茅、越茅等茅台酒的注册商标公告。

科技论著（D）有7篇（种）。其中来源于会刊1种、专著3种、期刊论文3篇。

广告启事（E）188则。其中，华茅酒广告启事（E1）5则，王茅荣和烧房茅台酒广告（E2）1则，赖茅酒广告（E3）48则，四川土产公司圈椒图茅台酒广告（E4）9则，贵州茅酒公司越茅酒广告（E5）3则，长沙商栈回沙茅酒广告（E6）2则，四川土产公司茅台酒广告（E7）107则，其他茅台酒广告（E8）13则。

现将两百余篇茅台酒文献题录按照时间先后顺序排列，其中类序号为文献在所属分类中按照时间先后排列的流水号，见表1。

表 1 茅台酒文献与分类

序号	年份	类号	类序号	文献题录
【1】	1928	B	1	仪. 茅苔酒变西成酒 [J]. 黔首，1928，(10)：10.
【2】	1931	A	1	袁炼人. 五月十日峙青处长邀饮茅台酒即席赋谢 [J]. 交通丛报，1931，(160)：7－8.
【3】	1931	D	1	贵州省建设厅. 贵州全省实业展览会专刊 [M]. 贵阳，1931：77，285，289.
【4】	1933	A	2	金天翮. 孙少元先生饮我茅苔（台）酒 [J]. 国学论衡，1933，(2)：47.
【5】	1933	A	3	金天翮，松岑甫. 孙少元先生饮我茅苔（台）酒 [J]. 艺浪，1933，(9－10)：5.
【6】	1935	B	2	万松. 闲话茅台酒 [J]. 国闻周报，1935，12 (22)：8.
【7】	1937	B	3	元龙. 酒之品级 云南"茅台"首屈一指 [N]. 铁报，1937－1－12 (4).
【8】	1937	C	1	财政部. 财政部指令四川区税务局 据呈查报原定贵州茅台酒公卖价格费率应准备案由（二月十四日）[J]. 税务公报，1937，5 (8)：30－31.
【9】	1937	A	4	李文萱. 丙子新秋邻人饷以茅酒赋酬（四首录二）[J]. 南社湘集，1937，(8)：42.
【10】	1937	B	4	蔗. 贵州名产 国产酒品中之最贵者 [N]. 铁报，1937－6－13 (4).
【11】	1938	B	5	酒丐. 商品溯源 醉人毋忘了贵州的茅台酒 [J]. 商业新闻，1938，1 (1)：12－13.
【12】	1938	A	5	湘潮. 长征的故事 茅台酒 [J]. 自由中国（汉口），1938，(3)：298－300.
【13】	1938	B	6	佗陵. 也谈"文章下乡"[J]. 抗到底，1938，(16)：2－4.
【14】	1938	C	2	王泽生. 审定商标第二七二四三号"王泽生茅台村荣和烧房麦穗图回沙茅酒"注册商标 [J]. 商标公报，1938，(148)：27－28.
【15】	1939	D	2	沈治平. 十种茅台酒曲中丝状菌之初步分离与试验 [J]. 工业中心，1939，7 (3/4)：10－17.
【16】	1939	B	7	园. 酒中之王黔省名产 茅台酒 [N]. 力报，1939－7－14 (2).
【17】	1939	A	6	丰子恺. 教师日记 [J]. 宇宙风（乙刊），1939，(18)：766－768.
【18】	1939	D	3	张肖梅. 贵州经济 [M]. 南京：中国国民经济研究所，1939：A28，L21－L24.
【19】	1940	C	3	华问渠. 审定商标第三〇一六七号"华问渠茅台杨柳湾华家成义酒房回沙茅酒"注册商标 [J]. 商标公报，1940，(171)：25.
【20】	1940	B	8	镜清. 茅台酒 [J]. 中报周刊，1940，(30)：22.
【21】	1940	A	7	赵冈. 近代成都两诗家 [J]. 宇宙风（乙刊），1940，(35)：9－12.
【22】	1940	B	9	九公. 九公自道 茅台酒 [N]. 奋报，1940－5－18 (3).
【23】	1940	D	4	张肖梅. 贵州经济之自然赋予与利用（续）[J]. 商友，1940，(3)：1－16.
【24】	1941	A	8	文宗山. 妙峰山 [J]. 万象，1941，1 (5)：27－29.
【25】	1941	B	10	佚名. 茅台 [J]. 农放月报，1941，3 (9)：22.
【26】	1941	B	11	佚名. 禁止酿酒 [N]. The North－China Daily News，1941－8－22 (9).
【27】	1941	E2	1	美味村. 茅台酒 [N]. 益世报（重庆版），1941－9－1 (1).
【28】	1942	A	9	沈从文. 芸庐纪事 [J]. 人世间，1942，1 (1)：42－50.
【29】	1942	B	12	令狐令得. 贵阳漫画 [J]. 现代文艺（永安），1942，5 (4)：173.
【30】	1942	D	5	钱德升. 贵州经济概观 [M]. 1942：118－119.

序号	年份	类号	类序号	文献题录
【31】	1943	A	10	赵瑞霖. 回忆诗人燕卜孙先生 [J]. 时与潮文艺，1943，1 (2)：67−68，84.
【32】	1943	E3	1	恒兴酒厂. 赖茅 [J]. 训练与服务，1943，2 (1)：65.
【33】	1943	E3	2	恒兴酒厂. 赖茅 [J]. 训练与服务，1943，2 (2)：5.
【34】	1943	E3	3	恒兴酒厂. 赖茅 [J]. 训练与服务，1943，2 (3)：10.
【35】	1943	D	6	郭质良. 中国酒曲 [J]. 东方杂志，1943，39 (12)：33−41.
【36】	1943	A	11	黄炎培. 题岁朝图（图中有茅台酒瓶、落花生、黄豆芽、天竹子等）[J]. 国讯，1943 (355)：4−5.
【37】	1943	B	13	无所为而无为斋十谈. 闻名寰宇之茅台美酒 [N]. 东方日报，1943−10−8 (3).
【38】	1943	A	12	陈诒先. 吃酒 [J]. 风雨谈，1943，(7)：132−135.
【39】	1944	B	14	彭治平. 一周动态（贵阳）[J]. 经济新闻周报，1944，2 (3)：2.
【40】	1944	A	13	袁俊. 万世师表 [J]. 时与潮文艺，1944，3 (2)：73.
【41】	1944	A	14	申吉. 忆雨词并序 [J]. 万象，1944，3 (11)：172−174.
【42】	1944	D	7	贵阳中央日报社资料室. 新贵州概观 [M]. 贵阳：贵阳中央日报社，1944：370−373.
【43】	1945	B	15	南. 山城贵阳风光　老鼠多猫的身价抬高 茅台酒宫保鸡为名贵肴馔 [N]. 中华周报（北京），1945，2 (13)：11.
【44】	1945	E3	4	恒兴酒厂. 赖茅 [J]. 训练与服务，1945，2 (4)：10.
【45】	1945	E3	5	恒兴酒厂. 赖茅 [J]. 训练与服务，1945，3 (2)：11.
【46】	1946	B	16	海鲁. 茅台酒 [N]. 铁报，1946−1−15 (3).
【47】	1946	E3	6	恒兴酒厂. 赖茅 [J]. 民族导报，1946 (创刊号)：35.
【48】	1946	B	17	仲朴. 工商特写 茅台酒与文通书局 [J]. 金融汇报，1946，(19)：12.
【49】	1946	B	18	佚名. 茅台酒销区达广州京沪 [J]. 征信新闻（重庆），1946，(519)：2.
【50】	1946	B	19	佚名. 茅台酒销区达广州京沪 [J]. 征信新闻（南京），1946，(74)：2.
【51】	1946	B	20	舟子. "茅台酒"贵州女人的绰号 [J]. 野风（上海），1946，(2)：9.
【52】	1946	B	21	竹枝. 玉貌坤伶来往苏杭道上 于素秋大喝茅台酒！ [J]. 上海滩，1946，(26)：9.
【53】	1946	B	22	无名. 怀"茅台"——忘我楼随笔之一 [J]. 日月谭，1946，(22)：27.
【54】	1946	B	23	非酒人. 未饮先醉的茅台酒 [J]. 东南风，1946，(5)：4.
【55】	1946	B	24	佚名. 赖茅酒即将抵沪 [N]. 前线日报，1946−6−30 (10).
【56】	1946	E3	7	恒兴酒厂. 赖茅名酒 [N]. 中央日报，1946−7−21 (7).
【57】	1946	B	25	柳絮. 茅台酒味 [N]. 诚报，1946−9−30 (2).
【58】	1946	E1	1	贵州省仁怀县茅台村华家. 贵州成义酒房启事 [N]. 新闻报，1946−10−15 (8).
【59】	1946	B	26	柴贵. 茅台酒 [N]. 诚报，1946−10−26 (2).
【60】	1946	E1	2	上海区华成行. 贵州名产 真正华家茅酒 [N]. 新闻报，1946−10−27 (10).
【61】	1946	B	27	芷庵. 茅台酒 [N]. 新闻报，1946−11−19 (15).

序号	年份	类号	类序号	文献题录
【62】	1946	E1	3	华成行. 冬节礼品　真正华家茅酒 [N]. 新闻报，1946－12－23（14）.
【63】	1946	E1	4	华成行. 冬节礼品　真正华家茅酒 [N]. 铁报，1946－12－24（3）.
【64】	1946	E1	5	华成行. 冬节礼品　真正华家茅酒 [N]. 罗宾汉，1946－12－26（3）.
【65】	1946	E8	1	中国旅社. 送礼佳品贵州茅台酒 [N]. 新闻报，1946－12－27（13）.
【66】	1947	B	28	文沙. 贵州茅酒　抗战期内，名震中外 [N]. 诚报，1947－1－1（2）.
【67】	1947	E8	2	长沙商栈. 贵州茅台酒廉价出售 [N]. 新闻报，1947－1－9（7）.
【68】	1947	E8	3	长沙商栈. 贵州茅台酒廉价出售 [N]. 新闻报，1947－1－11（11）.
【69】	1947	E8	4	长沙商栈. 贵州茅台酒廉价出售 [N]. 新闻报，1947－1－13（6）.
【70】	1947	E8	5	长沙商栈. 贵州茅台酒廉价出售 [N]. 新闻报，1947－1－15（7）.
【71】	1947	B	29	林冷秋. 茅台美酒 [J]. 福建青年，1947，（1）：19.
【72】	1947	E7	1	四川土产公司. 真大曲酒　真茅台酒 [N]. 诚报，1947－1－21（2）.
【73】	1947	E7	2	四川土产公司. 真茅台酒 [N]. 飞报，1947－1－21（2）.
【74】	1947	E7	3	四川土产公司. 真茅台酒 [N]. 飞报，1947－1－25（2）.
【75】	1947	E7	4	四川土产公司. 精制茅台 [N]. 飞报，1947－1－28（2）.
【76】	1947	E7	5	四川土产公司. 精制茅台 [N]. 飞报，1947－1－29（1）.
【77】	1947	E7	6	四川土产公司. 精制茅台 [N]. 飞报，1947－2－2（3）.
【78】	1947	E7	7	四川土产公司. 贵州茅台酒 [N]. 新闻报，1947－2－16（6）.
【79】	1947	E7	8	四川土产公司. 贵州茅台酒 [N]. 新闻报，1947－2－17（5）.
【80】	1947	E7	9	四川土产公司. 贵州茅台酒 [N]. 新闻报，1947－2－18（7）.
【81】	1947	E7	10	四川土产公司. 贵州茅台酒 [N]. 新闻报，1947－2－21（7）.
【82】	1947	E7	11	四川土产公司. 贵州茅台酒 [N]. 新闻报，1947－2－23（7）.
【83】	1947	E7	12	四川土产公司. 贵州茅台酒 [N]. 新闻报，1947－2－24（11）.
【84】	1947	E5	1	贵州茅酒公司上海办事处. 越茅 [N]. 前线日报，1947－3－6（1）.
【85】	1947	E7	13	四川土产公司. 真茅台酒 [N]. 飞报，1947－3－6（1）.
【86】	1947	E7	14	四川土产公司. 真茅台酒 [N]. 飞报，1947－3－7（1）.
【87】	1947	E7	15	四川土产公司. 真茅台酒 [N]. 大公报（上海），1947－3－7（8）.
【88】	1947	E7	16	四川土产公司. 真茅台酒 [N]. 飞报，1947－3－8（1）.
【89】	1947	E5	2	贵州茅酒公司上海办事处. 越茅 [N]. 前线日报，1947－3－8（2）.
【90】	1947	E7	17	四川土产公司. 真茅台酒 [N]. 飞报，1947－3－9（1）.
【91】	1947	E5	3	贵州茅酒公司上海办事处. 越茅 [N]. 前线日报，1947－3－9（2）.
【92】	1947	E7	18	四川土产公司. 真茅台酒 [N]. 飞报，1947－3－10（1）.
【93】	1947	E7	19	四川土产公司. 真茅台酒 [N]. 大公报（上海），1947－3－10（5）.
【94】	1947	E7	20	四川土产公司. 真茅台酒 [N]. 大公报（上海），1947－3－13（8）.
【95】	1947	E7	21	四川土产公司. 真茅台酒 [N]. 大公报（上海），1947－3－21（8）.
【96】	1947	E7	22	四川土产公司. 真茅台酒 [N]. 大公报（上海），1947－3－22（4）.

序号	年份	类号	类序号	文献题录
【97】	1947	B	30	佚名. 黔茅台酒名闻世界 [N]. 益世报，1947-3-23（2）.
【98】	1947	E7	23	四川土产公司. 真茅台酒 [N]. 大公报（上海），1947-3-25（1）.
【99】	1947	E7	24	四川土产公司. 真茅台酒 [N]. 大公报（上海），1947-3-26（8）.
【100】	1947	B	31	佚名. 茅台酒的故事　惟请饮者留意焉 [J]. 青天（印度尼西亚），1947，（2）：18.
【101】	1947	E7	25	四川土产公司. 真茅台酒 [N]. 新闻报，1947-4-6（2）.
【102】	1947	E7	26	四川土产公司. 真茅台酒 [N]. 新闻报，1947-4-10（2）.
【103】	1947	E7	27	四川土产公司. 真茅台酒 [N]. 大公报（香港），1947-4-11（1）.
【104】	1947	E7	28	四川土产公司. 真茅台酒 [N]. 大公报（上海），1947-4-11（1）.
【105】	1947	E7	29	四川土产公司. 真茅台酒 [N]. 大公报（上海），1947-4-18（1）.
【106】	1947	E7	30	四川土产公司. 真茅台酒 [N]. 大公（香港），1947-4-18（1）.
【107】	1947	E7	31	四川土产公司. 真茅台酒 [N]. 新闻报，1947-4-19（2）.
【108】	1947	E7	32	四川土产公司. 真茅台酒 [N]. 新闻报，1947-4-23（1）.
【109】	1947	E7	33	四川土产公司. 真茅台酒 [N]. 新闻报，1947-4-27（2）.
【110】	1947	B	32	本仁. 茅台酒 [N]. 正气日报，1947-5-5（2）.
【111】	1947	B	33	勤孟. 金窖茅台 [N]. 飞报，1947-5-7（2）.
【112】	1947	E7	34	四川土产公司. 真茅酒 [N]. 大公报（上海），1947-5-12（8）.
【113】	1947	E7	35	四川土产公司. 真茅酒　真大曲 [N]. 大公报（上海），1947-5-15（1）.
【114】	1947	E7	36	四川土产公司. 真茅酒 [N]. 新闻报，1947-5-19（10）.
【115】	1947	E7	37	四川土产公司. 真茅台酒　真大曲酒 [N]. 飞报，1947-6-10（3）.
【116】	1947	E7	38	四川土产公司. 礼品真茅台酒　真大曲酒 [N]. 新闻报，1947-6-12（2）.
【117】	1947	E7	39	四川土产公司. 端节礼品真茅台酒 [N]. 飞报，1947-6-13（1）.
【118】	1947	E7	40	四川土产公司. 端节礼品真茅台酒 [N]. 大公报（上海），1947-6-13（1）.
【119】	1947	E7	41	四川土产公司. 礼品花篮　真茅台酒　真大曲酒 [N]. 新闻报，1947-6-18（3）.
【120】	1947	B	34	凤三. 茅台酒 [N]. 大风报，1947-6-21（2）.
【121】	1947	E7	42	四川土产公司. 名贵礼品真茅台酒 [N]. 新闻报，1947-6-22（2）.
【122】	1947	E6	1	长沙商栈. 回沙茅酒 [N]. 新闻报，1947-6-23（12）.
【123】	1947	E6	2	长沙商栈. 回沙茅酒 [N]. 新闻报，1947-6-24（3）.
【124】	1947	B	35	雷山. 茅台酒 [N]. 小日报，1947-6-25（3）.
【125】	1947	E7	43	四川土产公司. 四川风味大本营　真茅台酒　真大曲酒 [N]. 新闻报，1947-7-5（3）.
【126】	1947	B	36	丁慧. 豹皮与茅台酒 [N]. 光报，1947-7-6（2）.
【127】	1947	E7	44	四川土产公司. 真茅台酒 [N]. 新闻报，1947-7-14（12）.
【128】	1947	E8	6	大成旅社. 真正茅台酒 [N]. 中央日报，1947-7-24（6）.
【129】	1947	E8	7	大成旅社. 真正茅台酒 [N]. 中央日报，1947-7-25（6）.

续表1

序号	年份	类号	类序号	文献题录
【130】	1947	B	37	克泼登. 大曲与茅台 [N]. 真报, 1947－7－31 (2).
【131】	1947	E4	1	四川土产公司. 圈椒图商标茅台酒 [N]. 大公报（上海）, 1947－8－14 (4).
【132】	1947	B	38	勤孟. 金银茅台 [N]. 甦报, 1947－9－6 (2).
【133】	1947	E8	8	中国国货公司. 秋节礼品贵州茅台酒每瓶二万五 [N]. 新闻报, 1947－9－16 (3).
【134】	1947	E7	45	四川土产公司. 真茅台酒 [N]. 新闻报, 1947－9－16 (7).
【135】	1947	E7	46	四川土产公司. 真茅台酒 [N]. 大公报（上海）, 1947－9－16 (10).
【136】	1947	E7	47	四川土产公司. 真大曲酒　真茅台酒 [N]. 飞报, 1947－9－18 (2).
【137】	1947	E7	48	四川土产公司. 真大曲酒　真茅台酒 [N]. 大公报（上海）, 1947－9－18 (5).
【138】	1947	E7	49	四川土产公司. 真大曲酒　真茅台酒 [N]. 飞报, 1947－9－19 (3).
【139】	1947	E8	9	大新公司. 贵州老牌茅台酒市价每瓶 3 万元特价每瓶 2 万 2 千元 [N]. 新闻报, 1947－9－19 (3).
【140】	1947	E7	50	四川土产公司. 真茅台酒 [N]. 新闻报, 1947－9－19 (8).
【141】	1947	E7	51	四川土产公司. 真大曲酒　真茅台酒 [N]. 飞报, 1947－9－20 (3).
【142】	1947	E8	10	先施公司. 回沙茅酒 [N]. 新闻报, 1947－9－22 (2).
【143】	1947	E8	11	大新公司. 贵州老牌茅台酒每瓶 2 万元 [N]. 新闻报, 1947－9－23 (3).
【144】	1947	E7	52	四川土产公司. 真茅台酒 [N]. 飞报, 1947－9－25 (2).
【145】	1947	E8	12	大新公司. 真茅台酒 [N]. 中华时报, 1947－9－25 (4).
【146】	1947	E7	53	四川土产公司. 真大曲酒　真茅台酒 [N]. 新闻报, 1947－9－25 (5).
【147】	1947	B	39	敏如. 茅台诗画 [N]. 真报, 1947－10－20 (2).
【148】	1947	E4	2	四川土产公司. 真茅台酒 [N]. 新闻报, 1947－10－28 (3).
【149】	1947	E4	3	四川土产公司. 真茅台酒 [N]. 新闻报, 1947－11－12 (10).
【150】	1947	B	40	佚名. 茅台酒闻名全国　酱园业开设渐多 [N]. 新闻报, 1947－12－2 (2).
【151】	1947	E4	4	四川土产公司. 圈椒图商标茅台酒 [N]. 新闻报, 1947－12－8 (12).
【152】	1947	E3	8	贵州茅台村恒兴酒厂. 贵州茅台酒之王　真正赖茅到沪 [N]. 新闻报, 1947－12－11 (6).
【153】	1947	B	41	雷山. 茅台酒 [N]. 小日报, 1947－12－18 (3).
【154】	1947	B	42	苇窗. 茅台恨 [N]. 诚报, 1947－12－22 (2).
【155】	1947	E3	9	恒兴酒厂上海办事处. 贵州茅台酒之王　真正赖茅 [N]. 新闻报, 1947－12－22 (9).
【156】	1947	E3	10	恒兴酒厂上海办事处. 贵州茅台酒之王　真正赖茅 [N]. 新闻报, 1947－12－23 (12).
【157】	1947	E3	11	恒兴酒厂上海办事处. 贵州茅台酒之王真正赖茅 [N]. 时事新报晚刊, 1947－12－28 (1).
【158】	1947	E3	12	恒兴酒厂上海办事处. 贵州茅台酒之王真正赖茅 [N]. 时事新报晚刊, 1947－12－30 (1).
【159】	1947	E3	13	恒兴酒厂上海办事处. 贵州茅台酒之王　真正赖茅 [N]. 前线日报, 1947－12－31 (7).

序号	年份	类号	类序号	文献题录
【160】	1947	C	4	恒兴酒厂. 审定商标第四三一三六号"赖永昌恒兴酒厂大鹏赖茅（Lay Mao）茅酒"注册商标 [J]. 商标公报，1947，(262)：68.
【161】	1947	C	5	民生四川土产. 审定商标第四六〇五八号"民生四川土产圈椒图大曲酒回沙茅台酒"注册商标 [J]. 商标公报，1947，(269)：105.
【162】	1948	E3	14	恒兴酒厂上海办事处. 真正赖茅 [N]. 真报，1948-1-1 (7).
【163】	1948	E3	15	恒兴酒厂上海办事处. 贵州茅台酒之王　真正赖茅 [N]. 时事新报晚刊，1948-1-1 (4).
【164】	1948	E3	16	恒兴酒厂上海办事处. 贵州茅台酒之王　真正赖茅 [N]. 前线日报，1948-1-5 (7).
【165】	1948	E3	17	恒兴酒厂上海办事处. 贵州茅台酒之王　真正赖茅 [N]. 飞报，1948-1-6 (1).
【166】	1948	E3	18	恒兴酒厂上海办事处. 贵州茅台酒之王　真正赖茅 [N]. 前线日报，1948-1-6 (7).
【167】	1948	E3	19	恒兴酒厂上海办事处. 贵州茅台酒之王　真正赖茅 [N]. 前线日报，1948-1-7 (7).
【168】	1948	E3	20	恒兴酒厂上海办事处. 贵州茅台酒之王　真正赖茅 [N]. 前线日报，1948-1-8 (7).
【169】	1948	E3	21	恒兴酒厂上海办事处. 贵州茅台酒之王　真正赖茅 [N]. 铁报，1948-1-9 (1).
【170】	1948	E3	22	经销处先施公司、利川土产商店、重庆银耳行. 贵州茅台酒之王　真正赖茅 [N]. 前线日报，1948-1-9 (7).
【171】	1948	E3	23	经销处先施公司、利川土产商店、重庆银耳行. 贵州茅台酒之王　真正赖茅 [N]. 前线日报，1948-1-10 (7).
【172】	1948	E3	24	恒兴酒厂上海办事处. 贵州茅台酒之王　真正赖茅 [N]. 铁报，1948-1-11 (1).
【173】	1948	E3	25	经销处先施公司、利川土产商店、重庆银耳行. 贵州茅台酒之王　真正赖茅 [N]. 前线日报，1948-1-11 (7).
【174】	1948	E3	26	恒兴酒厂上海办事处. 贵州茅台酒之王　真正赖茅 [N]. 罗宾汉，1948-1-12 (1).
【175】	1948	E3	27	经销处先施公司、利川土产商店、重庆银耳行. 贵州茅台酒之王　真正赖茅 [N]. 前线日报，1948-1-12 (7).
【176】	1948	E3	28	恒兴酒厂上海办事处. 贵州茅台酒之王　真正赖茅 [N]. 罗宾汉，1948-1-13 (1).
【177】	1948	E3	29	恒兴酒厂上海办事处. 贵州茅台酒之王　真正赖茅 [N]. 飞报，1948-1-13 (1).
【178】	1948	E3	30	经销处先施公司、利川土产商店、重庆银耳行. 贵州茅台酒之王　真正赖茅 [N]. 前线日报，1948-1-13 (7).
【179】	1948	E3	31	经销处先施公司、利川土产商店、重庆银耳行. 贵州茅台酒之王　真正赖茅 [N]. 前线日报，1948-1-14 (7).
【180】	1948	E3	32	经销处先施公司、利川土产商店、重庆银耳行. 贵州茅台酒之王　真正赖茅 [N]. 前线日报，1948-1-15 (7).

序号	年份	类号	类序号	文献题录
【181】	1948	E3	33	恒兴酒厂上海办事处. 贵州茅台酒之王　真正赖茅［N］. 罗宾汉，1948-1-16 (1).
【182】	1948	E3	34	经销处先施公司、利川土产商店、重庆银耳行. 贵州茅台酒之王　真正赖茅［N］. 前线日报，1948-1-16 (7).
【183】	1948	E3	35	经销处先施公司、利川土产商店、重庆银耳行. 贵州茅台酒之王　真正赖茅［N］. 前线日报，1948-1-17 (7).
【184】	1948	E3	36	恒兴酒厂上海办事处. 贵州茅台酒之王　真正赖茅［N］. 飞报，1948-1-18 (1).
【185】	1948	E3	37	经销处先施公司、利川土产商店、重庆银耳行. 贵州茅台酒之王　真正赖茅［N］. 前线日报，1948-1-18 (7).
【186】	1948	E3	38	经销处先施公司、利川土产商店、重庆银耳行. 贵州茅台酒之王　真正赖茅［N］. 前线日报，1948-1-19 (7).
【187】	1948	E3	39	恒兴酒厂上海办事处. 贵州茅台酒之王　真正赖茅［N］. 飞报，1948-1-20 (1).
【188】	1948	E3	40	经销处先施公司、利川土产商店、重庆银耳行. 贵州茅台酒之王　真正赖茅［N］. 前线日报，1948-1-20 (7).
【189】	1948	E3	41	经销处先施公司、利川土产商店、重庆银耳行. 贵州茅台酒之王　真正赖茅［N］. 前线日报，1948-1-21 (7).
【190】	1948	E3	42	经销处先施公司、利川土产商店、重庆银耳行. 贵州茅台酒之王　真正赖茅［N］. 前线日报，1948-1-22 (8).
【191】	1948	E3	43	经销处先施公司、利川土产商店、重庆银耳行. 贵州茅台酒之王　真正赖茅［N］. 前线日报，1948-1-23 (8).
【192】	1948	E3	44	经销处先施公司、利川土产商店、重庆银耳行. 贵州茅台酒之王　真正赖茅［N］. 前线日报，1948-1-24 (8).
【193】	1948	E3	45	经销处先施公司、利川土产商店、重庆银耳行. 贵州茅台酒之王　真正赖茅［N］. 前线日报，1948-1-25 (8).
【194】	1948	E3	46	经销处先施公司、利川土产商店、重庆银耳行. 贵州茅台酒之王　真正赖茅［N］. 前线日报，1948-1-26 (8).
【195】	1948	E7	54	四川土产公司. 大曲酒！茅台酒！［N］. 大公报（上海），1948-1-26 (6).
【196】	1948	E3	47	经销处先施公司、利川土产商店、重庆银耳行. 贵州茅台酒之王　真正赖茅［N］. 前线日报，1948-1-27 (8).
【197】	1948	E3	48	经销处先施公司、利川土产商店、重庆银耳行. 贵州茅台酒之王　真正赖茅［N］. 前线日报，1948-1-28 (8).
【198】	1948	E7	55	四川土产公司. 大曲酒！茅台酒！［N］. 新闻报，1948-2-2 (7).
【199】	1948	E8	13	永安公司. 贵州茅台酒原价每瓶十五万元减售每瓶十二万元［N］. 新闻报，1948-2-3 (3).
【200】	1948	E7	56	四川土产公司. 真大曲酒　真茅台酒［N］. 新闻报，1948-4-25 (6).
【201】	1948	E7	57	四川土产公司. 真大曲酒　真茅台酒［N］. 飞报，1948-5-4 (1).
【202】	1948	E7	58	四川土产公司. 大曲酒　真茅台酒［N］. 新闻报，1948-5-4 (7).
【203】	1948	E7	59	四川土产公司. 真大曲酒　真茅台酒［N］. 飞报，1948-5-5 (1).

序号	年份	类号	类序号	文献题录
【204】	1948	E4	5	四川土产公司. 圈椒图商标茅台酒 ［N］. 新闻报，1948－5－8 (2).
【205】	1948	E4	6	四川土产公司. 圈椒图商标茅台酒 ［N］. 大公报（上海），1948－5－12 (4).
【206】	1948	E4	7	四川土产公司. 圈椒图商标茅台酒 ［N］. 飞报，1948－5－21 (4).
【207】	1948	A	15	晚青楼主. 谢春煦丈自黔寄惠茅酒 ［N］. 海滨，1948，（复刊第1期）：2.
【208】	1948	B	43	佚名. 喝茅台酒……吃爆羊肚领儿 谭秘公天桥"起病"记！［J］. 一四七画报，1948，21 (4)：10－11.
【209】	1948	B	44	游公. 黄次郎赠我以茅台 ［N］. 诚报，1948－5－22 (2).
【210】	1948	E7	60	四川土产公司. 真大曲酒 真茅台酒 ［N］. 飞报，1948－6－2 (1).
【211】	1948	E7	61	四川土产公司. 大曲酒！茅台酒！［N］. 新闻报，1948－6－4 (2).
【212】	1948	E7	62	四川土产公司. 真大曲酒 真茅台酒 ［N］. 飞报，1948－6－6 (1).
【213】	1948	E7	63	四川土产公司. 真大曲酒 真茅台酒 ［N］. 飞报，1948－6－8 (1).
【214】	1948	E7	64	四川土产公司. 端节礼品 茅台酒 大曲酒 ［N］. 新闻报，1948－6－8 (9).
【215】	1948	E7	65	四川土产公司. 真大曲酒 真茅台酒 ［N］. 罗宾汉，1948－6－9 (1).
【216】	1948	E7	66	四川土产公司. 真大曲酒 真茅台酒 ［N］. 飞报，1948－6－9 (2).
【217】	1948	E7	67	四川土产公司. 真大曲酒 真茅台酒 ［N］. 罗宾汉，1948－6－10 (1).
【218】	1948	E7	68	四川土产公司. 端节礼品 真茅台酒 大曲酒 ［N］. 飞报，1948－6－10 (2).
【219】	1948	E7	69	四川土产公司. 茅台酒 大曲酒 ［N］. 大公报（上海），1948－6－10 (7).
【220】	1948	E7	70	四川土产公司. 端节礼品 大曲酒真茅台酒 ［N］. 飞报，1948－6－11 (2).
【221】	1948	E7	71	四川土产公司. 真大曲酒 真茅台酒 ［N］. 飞报，1948－7－2 (1).
【222】	1948	E4	8	四川土产公司. 茅台酒 ［N］. 新闻报，1948－7－6 (2).
【223】	1948	E7	72	四川土产公司. 真茅台酒 ［N］. 飞报，1948－7－9 (2).
【224】	1948	B	45	朱白. 茅台 ［N］. 大风报，1948－7－9 (3).
【225】	1948	E4	9	四川土产公司. 茅台酒 ［N］. 大公报（上海），1948－7－10 (7).
【226】	1948	E7	73	四川土产公司. 真大曲酒 真茅台酒 ［N］. 飞报，1948－7－18 (3).
【227】	1948	E7	74	四川土产公司. 大曲酒 茅台酒 ［N］. 大公报（上海），1948－7－29 (4).
【228】	1948	E7	75	四川土产公司. 真大曲酒 真茅台酒 ［N］. 飞报，1948－8－14 (3).
【229】	1948	E7	76	四川土产公司. 真大曲酒 真茅台酒 ［N］. 飞报，1948－8－17 (2).
【230】	1948	E7	77	四川土产公司. 真大曲酒 真茅台酒 ［N］. 飞报，1948－8－29 (3).
【231】	1948	E7	78	四川土产公司. 真大曲酒 真茅台酒 ［N］. 飞报，1948－8－30 (1).
【232】	1948	E7	79	四川土产公司. 真大曲酒 真茅台酒 ［N］. 飞报，1948－9－4 (4).
【233】	1948	E7	80	四川土产公司. 大曲酒 茅台酒 ［N］. 新闻报，1948－9－11 (2).
【234】	1948	E7	81	四川土产公司. 大曲酒 茅台酒 ［N］. 飞报，1948－9－16 (2).
【235】	1948	E7	82	四川土产公司. 大曲酒 茅台酒 ［N］. 飞报，1948－10－5 (3).
【236】	1948	B	46	曼华. 马富录九如吃局 杨宝忠茅台一瓶 ［N］. 飞报，1948－10－5 (4).
【237】	1948	E7	83	四川土产公司. 大曲酒 茅台酒 ［N］. 飞报，1948－10－17 (3).

续表1

序号	年份	类号	类序号	文献题录
【238】	1948	E7	84	四川土产公司. 大曲酒　茅台酒 ［N］. 新闻报，1948－11－17 (2).
【239】	1948	E7	85	四川土产公司. 大曲酒　茅台酒 ［N］. 飞报，1948－11－18 (2).
【240】	1948	E7	86	四川土产公司. 大曲酒　茅台酒 ［N］. 飞报，1948－11－21 (3).
【241】	1948	E7	87	四川土产公司. 大曲酒　茅台酒 ［N］. 新闻报，1948－12－6 (3).
【242】	1948	E7	88	四川土产公司. 大曲酒　茅台酒 ［N］. 飞报，1948－12－7 (4).
【243】	1948	E7	89	四川土产公司. 大曲酒　茅台酒 ［N］. 铁报，1948－12－7 (4).
【244】	1948	E7	90	四川土产公司. 大曲酒　茅台酒 ［N］. 新闻报，1948－12－9 (3).
【245】	1948	E7	91	四川土产公司. 大曲酒　茅台酒 ［N］. 大公报（上海），1948－12－12 (3).
【246】	1948	E7	92	四川土产公司. 大曲酒　茅台酒 ［N］. 新闻报，1948－12－14 (3).
【247】	1948	E7	93	四川土产公司. 大曲酒　茅台酒 ［N］. 新闻报，1948－12－23 (7).
【248】	1948	E7	94	四川土产公司. 大曲酒　茅台酒 ［N］. 大公报（上海），1948－12－24 (3).
【249】	1948	E7	95	四川土产公司. 大曲酒　茅台酒 ［N］. 新闻报，1948－12－27 (2).
【250】	1948	E7	96	四川土产公司. 大曲酒　茅台酒 ［N］. 大公报（上海），1948－12－28 (3).
【251】	1948	E7	97	四川土产公司. 大曲酒　茅台酒 ［N］. 飞报，1948－12－30 (3).
【252】	1948	E7	98	四川土产公司. 大曲酒　茅台酒 ［N］. 新闻报，1948－12－30 (5).
【253】	1948	E7	99	四川土产公司. 大曲酒　茅台酒 ［N］. 新闻报，1948－12－31 (2).
【254】	1948	E7	100	四川土产公司. 大曲酒　茅台酒 ［N］. 飞报，1948－12－31 (2).
【255】	1949	E7	101	四川土产公司. 大曲酒　茅台酒 ［N］. 新闻报，1949－1－1 (7).
【256】	1949	E7	102	四川土产公司. 名贵赠品　茅台酒 ［N］. 新闻报，1949－1－15 (10).
【257】	1949	E7	103	四川土产公司. 大曲酒　茅台酒 ［N］. 大公报（上海），1949－1－16 (3).
【258】	1949	E7	104	四川土产公司. 四川土产大本营　大曲酒　茅台酒 ［N］. 飞报，1949－1－21 (2).
【259】	1949	E7	105	四川土产公司. 春节特价　大曲酒　茅台酒 ［N］. 大公报（上海），1949－1－23 (5).
【260】	1949	E7	106	四川土产公司. 大曲酒　真茅台酒 ［N］. 大公报（上海），1949－1－25 (6).
【261】	1949	E7	107	四川土产公司. 大曲酒　茅台酒 ［N］. 新闻报，1949－1－26 (3).
【262】	1949	B	47	小兀. 四川大曲 与茅台酒同享盛名　以绵竹产最为地道 ［N］. 新闻报，1949－4－13 (10).
【263】	1949	B	48	老凤. 我最喜欢茅台酒 ［N］. 铁报，1949－5－21 (3).
【264】	1949	B	49	倪行夏. 喝茅台酒助需款人 ［N］. 飞报，1949－6－21 (4).

第二节 品种、产量与价格

（一）茅台酒的品种

清末，华氏成义、王氏荣和在茅台村生产的回沙茅台酒，因其独特的工艺和品质风味赢得了黔省及周边川滇酒客的青睐，获得了较好的商业利润。随后，民国初年在茅台村出现了周氏"衡昌烧坊"，即嗣后由赖氏专营的恒兴酒厂。这就形成了茅台村（镇）（1930年国民政府撤茅台村建茅台镇）华茅、王茅、赖茅三家著名茅酒格局。民国四年（1915）华茅、王茅共享巴拿马展会金奖。1931年贵州省建设厅举办全省实业展，华茅获得特等奖，王茅、赖茅获得甲等奖。

之后，一些商人仿照茅酒的工艺、聘请同出一系的郑姓师傅，甚至有的去茅台镇茅酒三家购回酒糟，在异地仿制大曲烧酒。为了傍茅酒盛誉，有的直接号称茅酒或茅台酒。遵义集义、贵阳泰和庄、川南古蔺县二郎滩茅酒庄等出产"茅酒"，系仿茅台酒之制法，时亦称茅台酒。所收集文献描述过的仿茅酒如下表。

表 2 仿茅酒一览表

序号	生产地址	产品名称	生产厂家	文献来源
1	遵义	集义茅酒	集义	【18】【23】【30】【42】
2	贵阳	南明	泰和庄	【18】【23】【30】【42】
3	贵阳	回沙茅酒	任荣昌	【30】【42】
4	贵阳	回沙茅酒	稻香村	【30】【42】
5	古蔺	茅酒	二郎滩	【18】【30】【42】
6	不详	回沙茅台酒	民生四川土产有限公司	【161】

现今，上述仿"茅酒"多不传。其中，行政隶属四川省泸州市古蔺县的二郎镇（二郎滩），其出产的郎酒则已成为著名的酱香型白酒，是川酒"六朵金花"之一。

（二）茅台酒的产量

按照郑珍《遵义府志》记载"仁怀地瘠民贫，茅台烧房不下二十家，所费山粮，不下二万石"，推测在茅台酒的第一时期即秦商主营时期，鼎盛时的茅台酒年产量应在数十万斤至百万斤。

咸同兵燹后进入本土商人经营时期，华氏复兴茅酒生产的近十年间，成义（成裕）酒房所产茅酒产量很小，仅在家族内部、亲朋好友之间消费，至1869年才开始面向市场销售，估计产量在数百斤至数千斤之间。1879年荣和（荣泰和）王茅成立，至民国四年（1915）茅台酒获得巴拿马展会奖牌、奖凭，这45年可看作茅台酒恢复阶段。到1929年衡昌烧房成立，茅台酒生产又进一步；及至1935年周氏因他业经营不善而致衡昌歇业，然后赖氏以"恒昌酒厂"续业，茅台酒生产再进一步；抗战期间，因偶尔年份歉收致粮食紧张及新生活运动，贵州政府时有禁酒生产令。

从1915年至1945年这三十年间，茅台酒发展总体向好，呈螺旋式上升。1945年到1947年，茅台酒销路拓宽，销量增加，1948年至1949年解放战争时期，通货膨胀，茅台酒也就进入了衰退阶段。所收集文献中关于茅台酒产量的记录汇总如下表。

表3　茅台酒（含仿茅酒）产量一览表

序号	产品	时间	产量描述	文献来源
1	华茅，王茅	1939 年	成义产酒近年约二万斤，荣和万余斤	【18】
2	华茅，王茅，集义，其他	1942 年	成义约两万余斤，荣和一万余斤，集义八九千斤，泰和庄任荣昌稻香村合计二万余斤。全省共约六万余斤	【30】
3	华茅，王茅，集义，其他	1944 年	成义产酒年在二万余斤，荣和一万余斤，集义八九千斤，泰和庄任荣昌及稻香村年产六万余斤以上（疑似原文笔误，应与【35】同，全省共约六万余斤）	【42】
4	华茅	抗战中	直到抗战期中，年产还不过两三万斤而已	【48】
5	华茅，赖茅，王茅	1946 年	茅台酒最老之成义、恒兴、荣和三家，年产数十万斤	【49】【50】
6	华茅，赖茅，王茅	1947 年	已有百年历史之成义酒房（即著名之华茅），每年仅产三万斤，恒兴及荣和产量略少	【97】

（三）茅台酒的价格

民国北洋政府于民国三年（1914）二月颁布了《国币条例》，确立银本位制度，规定"以库平纯银六钱四分八厘为价格之单位，定名为圆"，一圆银币总重七钱二分，其中含银 89%、铜 11%，币面镌刻袁世凯头像，重量、成色与法定均不逾 3‰。这种俗称"袁大头"的银币，由于式样新颖、形制划一、成色充足，发行以后，民间乐于使用，各类贸易得以顺利进行。

1935 年，国民政府实行法币改革，规定中央银行、中国银行、交通银行所发行的钞票为法币（后加中国农民银行），将白银收为国有，并禁止银元流通。在抗战和国共内战期间，法币急剧贬值，从而崩溃。由于法币急剧贬值，1948 年国民政府再次进行币制改革。规定金元为本位币，开始发行金圆券，每金元含纯金 0.22217 克。但战乱致金圆券膨胀，贬值比法币还快，十个月通货膨胀 170 万倍，各地纷纷拒用金圆券，民间自动重新使用银元交易，国民政府于是使用银本位币制，发行银圆券。1949 年，随着国民政府的崩溃，民国货币退出历史舞台。

因此，茅台酒的价格在相应时期对应以银元、法币和金圆券计价。从所收集文献涉及茅台酒价格来看，主要是以前两者为计价货币。所收集文献中涉及茅台酒（含仿茅酒）价格的情形如下表。

表4　茅台酒（含仿茅酒）价格一览表

序号	时间	产品名称	销售地点：产品价格	文献来源
1	1935 年	华茅	南京、上海：然在京沪间每瓶（约重一斤）犹售七八元，其价之昂，几与香槟、威士忌并驾齐驱矣	【6】
2	1937 年	茅台酒	上海：按其名次，首称"茅台"，产于云南，其价之昂，比上等白兰地还贵，盖一罐之量仅斤许，需法币十八元	【7】
3	1937 年	茅台酒	四川江津：每百觔兜售市价一百六十元……经核定茅台酒公卖价格，每觔一元六角，费率每觔四角	【8】
4	1937 年	华茅	贵州、外地：茅台村"成义酒坊"的出品，每瓶十二两……据说：在贵州当地，也要卖到两块多钱一瓶，在外省卖到八块钱一瓶	【10】
5	1938 年	华茅	南京、上海：然在南京、上海间，每瓶约重一斤，犹售七八元，其价之昂，几与香槟并驾	【11】

续表

序号	时间	产品名称	销售地点：产品价格	文献来源
6	1939 年	华茅	贵州、东南数省：茅台村"成义酒坊"的出品，每瓶十二两……据说在贵州当地，也要卖到两块多钱一瓶，在外省要卖到八块钱一瓶	【16】
7	1939 年	华茅赖茅	茅台、外地：每瓶容酒一斤。在茅台出售价格，成义荣和每瓶一元二角，衡昌一元……如由茅台运至他处，省税方面每瓶又征收一角五分，中央烟酒印花税每瓶四角。故在省内除常年捐外，每瓶捐税即为三角，运省外加五角有奇，每瓶捐税即为八九角矣	【18】
8	1941 年	茅台酒	重庆到门口美味村：卖二百元一瓶	【27】
9	1943 年	茅台美酒	上海：其店中亦出售一种"茅台美酒"，如普通啤酒瓶大小之一瓶，售价达百元之巨，据精于饮酒者言，此三百元一瓶，尤不算巨，此酒系战前运来，羊肉当作狗肉卖，故售此价，如在今日运来，虽千金之巨，亦不能得一瓶也	【37】
10	1944 年	茅台酒	贵阳：黔省自禁酒后，酒价上涨约三分之一，烧酒由每斤二十八元涨至四十元，茅台由每斤一百五十元涨至二百五十九元	【39】
11	1946 年	赖茅	重庆：约摸一斤，每瓶酒听说在重庆也得卖五千法币，合起伪币来就是百万元，不能不算名贵了	【46】
12	1946 年	华茅	上海：最近上海几家公司里也有出卖了，每瓶要二万五千元	【61】
13	1946 年	华茅	上海：特价每瓶一万六千元	【62】
14	1946 年	华茅	上海：特价每瓶一万六千元	【63】
15	1946 年	华茅	上海：特价每瓶一万六千元	【64】
16	1947 年	华茅	广州、上海：每瓶量一斤，成义出品，本省价格为六千元，广州价格一万元，上海价格一万四千元，其余二家所制者略贱	【97】
17	1947 年	华茅	贵州、广州、上海：每瓶量一斤，成义出品，本省价格为六千元，广州价格一万元，上海价格一万四千元，其余二家所制者略贱	【110】
18	1947 年	茅酒、仿茅酒	上海：贵州另一特产为茅台酒，真货每瓶一万元，伪货三千元	【126】
19	1947 年	赖茅	上海：每瓶国币十万元	【152】
20	1947 年	真茅台酒	上海：礼品花篮，篮内有真茅台酒真大曲酒，各种美丽瓶罐，每提五万元起（四川土产公司，疑为圈椒茅台酒，参见【153】、【154】）	【119】
21	1947 年	贵州茅台酒	上海：贵州茅台酒，每瓶二万五	【133】
22	1947 年	贵州老牌茅台酒	上海：贵州老牌茅台酒，市价每瓶三万元，特价每瓶二万二千元	【139】
23	1947 年	贵州茅台回沙茅台	上海：贵州茅台回沙茅台，特价每瓶二万二千元	【142】
24	1947 年	贵州老牌茅台酒	上海：贵州老牌茅台酒，每瓶二万元	【143】
25	1947 年	贵州老牌茅台酒	上海：贵州老牌茅台酒，每瓶二万元	【145】
26	1949 年	赖茅	上海：该酒每瓶售价一千五百元	【264】

第三节　工艺、商标与声誉

一、茅台酒的工艺

早在道光二十一年（1841）郑珍、莫友芝修成的《遵义府志》，援引《田居蚕食录》就对茅台酒酿制工艺做了简单介绍："茅台酒……其料纯用高粱者，上；用杂粮者，次之。制法：煮料、和曲，即纳地窖中，弥月出窖烤之。其曲用小麦，谓之白水曲。"[①]

收集到的文献中，《贵州经济》（张肖梅，1939 年，【18】）、《新贵州概观》（贵阳《中央日报》社资料室，1944 年，【42】）描述了茅台酒的酿制方法。其中，张肖梅博士所著《贵州经济》（【18】）一书详尽阐述了茅台酒年酿制的沿革、原料、配比、设备、工艺、流程、价格、销售等，其他文献的描述则较简略。现将张肖梅博士记录的工艺流程摘录如下：

（一）端阳制曲

茅台酒曲，闻有小麦内加以红稗三成者，但一般多用纯小麦曲。其小麦之选择，以粒大均有较重、沟腹深而多粉者为佳。制曲时间于端阳后六七八九等月均可。将小麦用马挽石磨磨碎，粗者较小米稍大，粒状粉状各半（太粗或过细，则有烧坏或糜烂之虞，均不能用），置于冷口锅内，每石参成曲百分之三至百分之四，加适当之清凉水，迅速和匀成团（麦粉与水，均为五与一之比。其检验方法，将曲料握于手中，即成一团，手松后复能散团者则为适当；不成团者水少，成团不散团者水多），掷入木模内，经人踏实；出模后搬入曲室，每块相隔数分，侧置之；曲与曲之间及其各层，均以稻草隔离，以免粘着；俟全部完毕，即闭门窗，使之发酵，经三日即闻香味，再翻一次，至七八日略成黄色，开放门窗，将上下左右变换位置一次，并增加其隔间，又经约十四日，稍呈黑白色（据云呈黑色者系稻草湿润之色），再翻一次，更二十余日或一月，其面成粉白色，而内部白点之间略带红黄色时（呈黑色者，系已上水，为不良品），即装出放楼上阴干之。阴干后碎成小块，置石磨中磨成约八成细粉，二成粗粒，即为曲药矣。查曲室为普通房屋，维其地址，须择其不当风者。又发酵之时日多寡，须视天时为转移；其发酵温度，则无可考，据云以伏天为最宜。一石麦粉可制曲四十余块，每块干燥后约八斤，每隔二十四五日可制一次，每次用麦粉四十五石，均为一日内完成。工作时，有量料者、和粉者、接粉掷入模内者、踏模者，故须十余人至二十人。

（二）沙料装甑

先将锅内水烧沸，俟蒸汽上升后，用大竹箕盛糟倾入，厚约四寸；俟蒸汽将透出，又复加糟，每次添加厚约四五寸，故不至十数分钟，甑即装满。以手将甑内酒糟，扒成漏斗状，然后插入承酒匙。甑上周边，置一带状糠袋，口之上层，置冷缩锅，锅内置冷水，用木绕搅动，待稍热抭出，再换冷水。酒之出完与否，一为尝酒，一为看花（酒泡）；有花即知其有酒，口尝可知其浓淡。

（三）发酵蒸烤

中秋后制酒。高粱依色红黄，颗粒肥大，扁圆结实内干燥，以剖面成粉状者为最佳。先将带壳

---

① 《遵义府志》引《田居蚕食录》，但无法找到原始的《田居蚕食录》，无法补注

之高粱磨碎（含壳约三成，壳少者蒸馏时应再加谷壳，使之疏松），每石和热水一桶，并须加陈糟二成（须含酒之糟，蒸馏在六七次者），以木筦拌匀，置甑内蒸烤之（蒸烤之意义，系指蒸馏与蒸熟共称，因蒸馏与蒸熟，其装置皆同，无由区别，故仍用其方言）。

蒸烤后敷布于地，加酒数斤，更将凉甑烤出之带酒蒸馏汽水，散布于其中，冷至适当温度时（夏天较手温稍凉，冬天须较手温较暖），参（掺）入曲药拌匀，靠墙堆积，后蒸烤二日，其量约有十石左右时，乃倾入窖内，窖满扒平，并不紧踏，盖以无酒之陈糟二寸，加泥封约寸余，最后散以谷壳，窖内发酵情形，不加察验。

经过一个月，觉其外面温暖，则取出约和对半之生高粱（以后不再加陈糟），以热水发湿置甑内，作第二次之蒸烤，蒸烤后取出冷却，散以原蒸烤出之带酒汽水，加以曲药，再入窖发酵一月，其各项手续，均与前同。第三次蒸烤时，加生高粱三成，第四次蒸烤时，加入与否，须视购入原料之多寡而定，加之，则其量约为一成，不加，则其所出之酒，不散入原糟内，即可出售矣。如此五六次蒸烤，逐渐减少曲药之分量，可蒸烤至八九次为止。

（四）回沙取酒

查第一次蒸烤之原料，全部为生高粱，谓之生沙。其所用之高粱，粒壮者七成，粉状者三成。蒸烤时间，约为一时半；蒸熟与否，用以蒸烤所出之汽水（约为一桶），而有香气为度。一日可蒸四五甑，每甑加曲药粉约二斗八升至三斗。在倾入酒窖以前，先将酒窖以火灼热，俟其温暖，散布以酒；其酒量，于新窖则为四百斤左右，于老窖只用淡酒百斤。散酒后，将二日来所蒸烤之原料（约十石）倾入窖内，即为一层，再布酒四五斤。第二次所加之高粱，粒状六成，粉状四成。每甑加曲药粉一斗六升至一斗八升。如此，由第一次至第四次参加生高粱蒸烤者均称为燧沙，凡蒸烤第一次以后之燧沙，每甑需时约为一时一刻，每日蒸烤六甑；第五次不再加生高粱，只加曲药一斗二升至一斗六升；第六次加曲药为一斗至一斗二升；第七次加入八升；第八次加五升；第九次加三升。凡不加入生高粱蒸烤者均为回沙，所出之酒称为回沙茅酒。第五六七次回酒最多者特称为大回沙，第八九次出酒较少者又称为小回沙，每次出酒约十余斤。每次蒸烤时间，约历一时，但酒少时需时亦少；每日可蒸七甑。各次所加曲药粉之分量，又依天时而增减，热时较少，冷时较多。

从张肖梅的记录来看，茅台酒在当时就已经形成了相对稳定的回沙酿制工艺，即端阳后制曲；中秋制酒；四次加料；九次蒸烤；八次摊凉（入窖发酵）；五次取酒。与现今端阳制曲、重阳制酒、两次投料、九次蒸煮（馏）、八次摊晾（入窖发酵）、七次取酒工艺大同小异。

二、茅台酒的商标

民国时期，茅酒厂商已经有了较强的商标知识产权观念和积极的注册商标行动。收集到的"政府公告"中有"王泽生茅台村荣和烧房麦穗图回沙茅酒"（【14】）、"华问渠茅台杨柳湾华家成义酒房回沙茅酒"（【19】）、"赖永昌恒兴酒厂大鹏赖茅（Lay Mao）茅酒"（【160】）、"民生四川土产圈椒图大曲酒回沙茅台酒"（【161】）共 4 份注册商标公告。此外，在"广告启事"中有见到"越茅"（【84】、【89】、【91】）、"回沙茅酒"（【122】、【123】）的商标图案，但未查找到对应的注册商标公告原始文献。

三、茅台酒的声誉

（一）贵州全省实业展览会奖项

《贵州全省实业展览会专刊》之《茅台酒展品与获奖等级》（【3】）记载，在 1930 年贵州省建设厅举办的贵州全省实业展览会上，成义烧房提供"上茅酒"6 瓶、荣和烧房提供"茅酒"10 瓶、衡昌烧房提供"上茅酒"10 瓶参展。工商组审查工业品给成义茅酒特等奖，评语为"酒味香纯　可销省外"；给荣和茅酒甲等奖，评语为"醇香"；给衡昌茅酒甲等奖，评语为"清香"。

（二）西南各省物品展览会奖项

《贵州经济》（【18】）记载，民国二十四年西南各省物品展览会上成义酒房又得特等奖状奖章。

（三）巴拿马万国博览会金奖

1881 年美洲巴拿马运河动工开凿，1903 年美国迫使巴拿马签订不平等条约而获得巴拿马运河的开凿权。1912 年初美国国会决定召开国际博览会以庆贺巴拿马运河竣工，是年 3 月中国政府收到美国总统威廉塔夫脱发来的邀请书，嗣后美国政府派特使来华劝中国官商赴赛。中华民国政府临时大总统袁世凯指示工商部、农林部、教育部、财政部协同筹备参赛事宜。1913 年 6 月成立筹备"巴拿马赛会事务局"，各省也相继成立"赴赛出品协会"以征集产品。贵州省推荐了"成义""荣和"两家茅台酒坊提供样酒参展，后农林部将两家茅酒样品按照国际惯例以"茅台造酒公司"名义送展。送展茅酒获得"巴拿马万国博览会金奖"后，两家酒坊为奖牌奖状归属相争，经仁怀县商会调解未果，讼至省署。1918 年贵州省政府折衷裁定：金奖的奖牌奖状由仁怀县商会保存，两家酒坊均可在其茅酒商标上冠"巴拿马万国博览会金奖"字样。茅台酒文献对于巴拿马万国博览会金奖多有记述，但不尽准确，兹录如下。

《贵州名产　国产酒品中之最贵者》（【10】）："茅台酒的驰名，他们自炫得过巴拿马博览会的奖。"

《酒中之王　黔省名产》（【16】）：茅台酒的驰名，他们自炫是得过巴拿马博览会的奖。

《贵州经济》（【18】）："至咸丰壬子（1852）年，乃有成义酒房之设立；同治元年（1862）又有荣和烧房相继设立。此茅台酒制造历史最久之烧房也。因历史最久，故其制法精良，品质醇美，曾于民国四年（1915）世界物品展览会，荣和烧房送酒展览，得有二等奖状奖章。"

《闻名寰宇之茅台美酒》（【37】）："前清末年，与海外交通，巴拿马赛会中，我国出品以茅台美酒得优等金质奖章，闻名世界，在国际间亦为名酒中之祭酒矣！"

《茅台酒》（【61】）："茅台是地名，在贵州仁怀县，而最著名的是茅台村杨柳湾'成义烧房'所制'回沙茅酒'，曾经得到过巴拿马赛会的奖牌奖凭，他们的说明是'此酒特色，原于天然之水，百年之窖，尤妙在造法特别，曲不加药，饮之则头不痛，试验无毒，有益卫生，此黔中名流郑子尹诗中"酒冠黔人国"之语，所由来也'"。

《茅台酒》（【120】）："酒中以四川之"大曲"与贵州之"茅台"为上品，惟"大曲"病其过烈，言醇犹推"茅台"。1935 年法国展览世界名酒，吾华以绍酒与"茅台"二种参加，而与英之"惠士忌"及"琴"，法之"白兰地"角逐，结果"茅台"得优等奖。抗战时期陪都要人招待外宾，以"茅台""大曲"为主，马歇尔将军且嗜此焉。"

《茅台酒》（【124】）："西阶先生记茅台酒，曾在法国得第一奖，并有华家茅、赖家茅之别也。"

《豹皮与茅台酒》（【126】）："茅台酒膺国际竞赛奖状，当其参加竞赛时，因瓶系土式，装璜不佳，评判员初未注意。惟侍役偶不小心，跌碎一瓶于地，酒香立时满溢室内，评判员闻而奇之，茅台酒从此享盛名获奖状焉。"

《茅台》（【224】）："酒中以四川之'大曲'与贵州之'茅台'为上品，惟'大曲'病其过烈，言醇犹推'茅台'。1935 年法国展览世界名酒，吾华以绍酒与'茅台'二种参加，而与英之'惠士忌'及'琴'，法之'白兰地'角逐，结果'茅台'得优等奖。抗战期间陪都要人招待外宾，以'茅台''大曲'为主。"

（四）茅台酒的口碑

茅台酒在民国时期文人墨客、官场民间颇负盛名，口碑卓著，兹据文献选录如下。

金天翮在诗歌《孙少元先生饮我茅台酒》（【4】）中关于茅台酒的描述是："黔北酒以茅台著，洒然可近不可狎……东斋先生老抱节，亦似茅台酒耐咂……"

万松在《闲话茅台酒》（【6】）中言"茅台酒者，出产于贵州仁怀之茅台村。以华姓所酿者为最佳。王姓次之。酒以高粱酿造，因茅台村附近的高粱产量不丰，故酒不能多酿。酒厂为一大地窖，面积占数十方丈，酿时不兑药品，故其性醇而洌，无异味，香气芬然（芳），而茅台村之水，其清洌不亚于故都之玉泉，西湖之龙井也……士子见有机可趁，悉出所携茅酒饷之，某初饮，拍案叫绝，狂喜不已"。

元龙在《酒之品级 云南"茅台"首屈一指》（【7】）中称"白酒之中，堪品题的，只有五种。按其名次，首称'茅台'"。

蔗在《贵州名产 国产酒品中之最贵者》（【10】）记述："茅台酒的出产地方，在贵州的旧黔中道属的仁怀县'茅台村'，物以地名，所以就称'茅台酒'，而酒瓶的招贴上，写明白'茅台村杨柳湾'的'回沙茅酒'，只要听到这个名目，已经觉得雅得有点诗意！……茅台酒的驰名，他们自炫得过巴拿马博览会的奖，其实，我以为全在酒质的醇厚，香气的芬芳（却并不是加上药料的冲脑气息），是酒的本身香洌……一开封口，香洌的酒味，就冲出来了，离开十多步远都闻得到……茅台酒的酒味，辨（喝）在嘴里，除香气很烈外，味道似乎要比上好高粱酒来得淡，可是细辨又比高粱醇厚，初上口的时候，带着一点极微细的苦，而饮下收口时，又不觉到苦，并且香洌当中，又带点植物气息，既不像茵陈，又不像广东苦酒，这就是茅台酒的特征。"

酒丐在《醉人毋忘了贵州的茅台酒》（【11】）中记述"茅台酒者，出产于贵州仁怀之茅台村。以华姓所酿者为最佳，王姓次之……酿时不兑药品，故其性醇而洌，无异味，香气芬然，而茅台村之水，其清洌不亚于故都之玉泉，西湖之虎跑也……因忆及酒窖，及铲土揭盖，芬香四溢，饮之味益清洌，盖经数十年之蕴藏，酒性益醇矣"。

湘潮在《长征的故事 茅台酒》（【12】）中记载："据说，茅台酒必须用杨柳湾的水，才会成为佳酿，这也许是由于小溪的水，自发源处带来了某种矿质吧……杨同志，翻转他的身，从树枝上取下热水瓶，递给我说了一句，喝点茶吧！我已耐不住接过来，便一饮而过半瓶，顿时便觉心旷神怡，不自禁的叹了一声：好茶。杨同志接过热水瓶一看，惊奇的说了一句，呀！喝了这样多，你，真的把酒当茶喝了吧！我听了心中暗道：不好！我不要醉死吗，忽然，感觉异样了，头重，脚痹（轻），心脏跳动，两耳发热，我晕倒了，接着什么也没有感觉了。直到午后五时，太阳已过西北，月亮也在东山上出现的时候，部队开拔，继续行进，我才懒洋洋的解开额上湿手巾，起来，颠跛的跟着走，回首望望树叶盖着的吐出来的东西，才明白今天游历过了一次从未到过的醉乡。"

镜清在《茅台酒》（【20】）文中称："凡到过贵阳的人，大概都尝过茅台酒的味儿，确是酒类之佳品。茅台酒的气质，真是芬芳浓郁，假如手持一杯，真能满室生香，纵不善饮，当亦为之陶醉，凡略有嗜好者，那更无论矣！所以茅台酒的声名，能扬溢全国。"

九公在《九公自道　茅台酒》（【22】）中称："丁先生有女高足，近自新都来函，盛道彼方茅台酒风味之美。愚与丁先生固皆嗜饮，得馋涎欲滴。"

赵瑞霖在《回忆诗人燕卜孙先生》（【31】）中誉茅台酒为"云贵名酿"。

无名氏在《闻名寰宇之茅台美酒》（【37】）中言称"天下美酒，山西汾酒已出名矣，然犹不及茅台美酒之名贵，茅台为西康与川云接壤间之一镇市，属永宁县境，自宋元时起即以酿酒著名，其酒称茅台美酒，甘冽过于他酒，一因原料珍贵，二因其地水质甚佳，故酿成以后，异香扑鼻，如陈达十年之酒，启封取酒时，其酒香能顺风摇曳于数里之外，诚名贵万分也"。

陈诒先在《吃酒》（【38】）中称"闻白酒以贵州之茅台酒为第一"，"每人斟了一小杯，（吃白兰地之小杯）饮之绕极香极，由舌而下，感觉异味"，"此平生所饮第一好白酒也"。

申吉在诗歌《忆雨词并序》（【41】）中放怀："茅台名酒花生米，醉过春宵百不知。"

南在《山城贵阳风光　老鼠多猫的身价抬高　茅台酒宫保鸡为名贵肴馔》（【43】）中记述"贵州的茅台酒是有名的，初沾唇的时候，似乎很烈，但一入口，就觉得平和润冽了"。

非酒人在《未饮先醉的茅台酒》（【54】）言称"茅台酒有一种特异的香气，只要酒瓶一开，满室都充满了香气，令人陶然欲醉起来，古语谓醇醪未饮心先醉，我对于茅台酒真有这种感想"。

柳絮在《茅台酒味》（【57】）中记叙："朋友送来两瓶'茅台酒'，乃使俗客，亦得挹芬芳。内地的饕餮之士曾说：'到贵阳不饮茅台酒，犹之到广州未吃三蛇，到香港未吃龙虿，同属莫大遗憾'，三蛇龙虿，殊非所嗜，倒是茅台酒，我亦向往已久。"

柴贵在《茅台酒》（【59】）中言称："茅台酒素以香闻全室著名的，在室内吃，室外闻不到，便不算稀奇，酒味并不奇烈，妙在可以使全身酒虫，陶醉得服帖，于是全身舒畅。吃过之后，不喝不燥，更不头痛"。

芷庵在《茅台酒》（【61】）中记叙："贵阳的茅台酒，酒味之醇，酒香之烈，无出其右，甚至说楼上喝酒楼下闻得到香味……带一两瓶到上海，大家视同玉液琼浆，只好浅斟细酌，尝一尝，过一过瘾，决不能放怀畅饮"。

文沙在《贵州茅酒　抗战期内，名震中外》（【66】）中称："中国名酒，素推绍兴花雕、四川大曲、山西汾酒、牛荘（庄）高粱，其实贵州茅酒，名虽未显于天下，而品质醇良，为任何酒所不及。"

林冷秋在《茅台美酒》（【71】）中记述："三十二年（1943 年）暮秋，道出贵阳，有人梁，（有一姓梁之人），适为贵州盐务管理局所派，出差仁怀县，路过杨柳湾，为当地大户所留，赠以十年茅台两瓶，梁因不知酒，迄未尝试，遇到知音的我，却不轻易放过了，两个人静静的对饮，切开茅台酒瓷瓶的塞子，便闻到一口扑鼻浓烈酒香，似是花香、麝香、千里香，又都不是，只是一股无法分析的香味，徐徐地、缓缓地在喷射，室内似乎逐渐被充满了。轻轻地把透明晶莹的茅台酒倾倒在白瓷小杯上，贪婪地喝了一口，其香、其色、其味，均有不可诉说的魔力，它的柔软的体态，透明的肌肤，轻盈的神色，使我醉了。真正的茅台，只可品茗似的，一面清谈，一面小酌，一连饮下十数小瓷杯，夜已过半了，人有点荡漾，口却一点也不感到干渴。只是轻飘飘的醉了，一睡到第二天黄昏，方自梦中醒来，就只有这么一次，尝试了真正的茅台酒。"

凤三在《茅台酒》（【120】）中称："酒中以四川之'大曲'与贵州之'茅台'为上品，惟'大曲'病其过烈，言醇犹推'茅台'。一九三五年法国展览世界名酒，吾华以绍酒与'茅台'二种参加，而与英之'惠士忌'及'琴'，法之'白兰地'角逐，结果'茅台'得优等奖。抗战时期陪都要人招待外宾，以'茅台'、'大曲'为主，马歇尔将军且嗜此焉。"

勤孟在《金银茅台》（【132】）中言："据专家鉴定，茅台之比牛莊（庄）高粱、四川大曲、山西汾酒、甘肃徽酒，大体都更胜一筹。其最大特色，乃是饮后不渴。纵系过量，也仅止颓然陶醉而已。茅台产量不多，当地有出名之金窖银窖。金窖已历三百年，所藏之酒，浓如鼻涕，入口爽利，如冰淇淋般沁入心肺。银窖稍次，然一匙之量，可使酒徒沉醉终日。"

雷山在《茅台酒》（【153】）中言称："茅酒饮后，不晕头，不口渴，有开胃通气之功，然胃纳既张，故不能贪杯纵饮也"。

晚青楼主（【207】）在《谢春煦丈自黔寄惠茅酒》中言："万里开心重赖茅，入山泉水见醇醪。"

朱白在《茅台》（【224】）中称："酒中以四川之'大曲'与贵州之'茅台'为上品，惟"大曲"病其过烈，言醇犹推'茅台'。一九三五年法国展览世界名酒，吾华以绍酒与'茅台'二种参加，而与英之'惠士忌'及'琴'，法之'白兰地'角逐，结果'茅台'得优等奖。抗战期间陪都要人招待外宾，以'茅台'、'大曲'为主。"

老凤在《我最喜欢茅台酒》（【263】）中称："不过我最喜欢的以'茅台'为第一。茅台酒的好处是芳醇隽爽，最容易杀酒瘾。其次是大曲、汾酒，再次是高粱酒和绍酒。普通的烧酒，平淡无味，我素不喜。其他西洋参酒、虎骨木瓜酒、五茄皮酒、红白玫瑰酒、代代花酒、葡萄酒、郁金香酒、青梅酒等，皆非能饮人所喜。我之所以不十分喜欢绍酒，好酒不易得，也是重要原因。"

第四节　茅台酒广告的分析

一、茅台酒广告概述

收集到茅台酒广告启事 188 则，其中，华茅酒广告启事 5 则，王茅荣和烧房茅台酒广告 1 则，赖茅酒广告 48 则，四川土产公司圈椒图茅台酒广告 7 则，贵州茅酒公司越茅酒广告 3 则，长沙商栈回沙茅酒广告 2 则，四川土产公司茅台酒广告 109 则，其他茅台酒广告 13 则。

二、茅台酒广告分析

1. 华茅酒广告分析

华茅酒广告 5 则启示分别刊登于《新闻报》《铁报》和《罗宾汉》，时间为 1946 年 10 月至 12 月。其时，华茅掌门是华问渠（1894—1979 年），除执掌"成义酒房"外，他还经营文通书局、印刷厂、造纸厂等企业，由于华问渠极大推进华茅酒的质量，华茅酒已是名声在外，且因他交游广泛，因此，为华茅酒做广告的必要性即下降。

2. 赖茅酒广告分析

赖茅酒的 48 则广告刊登于《训练与服务》《民族导报》《中央日报》《新闻报》《时事新报晚刊》《前线日报》《真报》《飞报》《铁报》《罗宾汉》等多种报刊，时间跨度从 1943 年至 1948 年。其中 28 则为恒兴酒厂或恒兴酒厂上海办事处所发布，20 则为经销商"先施公司、利川土产商店、重庆银耳行"落款发布。其特点是广告数量大、时间长、刊载的报刊种类多，经销商稳定，充分体现了赖氏接手周氏"衡昌烧坊",尔后更名恒兴酒厂积极推广赖茅酒的进取策略。

3. 王茅酒广告分析

茅酒"三家"中,独不见王茅酒自身所做广告记载,惟见荣和茅酒重庆经销商"美味村经理处"在1941年9月1日《益世报(重庆版)》第1版刊登1则"荣和烧房"茅台酒广告。其实,王茅于1938年最早注册了"王泽生茅台村荣和烧房麦穗图回沙茅酒"商标,华茅于1940年注册"华问渠茅台杨柳湾华家成义酒房回沙茅酒"商标,赖茅则至1947年注册"赖永昌恒兴酒厂大鹏赖茅(Lay Mao)茅酒"商标,而且王茅与华茅1915年共同获得"巴拿马万国博览会金奖",王茅在1930年贵州省建设厅举办的贵州全省实业展览会上获得甲等奖,表明王茅十分重视产品商誉,积极参加相关展会、评奖活动。从前述文献看(【18】【30】【42】【49】【50】【97】【110】),王茅酒有相当产量(年产万余斤),但未见其自身发布广告,【42】称王茅销路"以遵义大量推销处,年约三四千斤,贵阳约二千斤,近年由赤水河运销重庆者,年约四千斤,本厂销售年约千斤",故其年产万斤已有去向也。

4. 四川土产公司圈椒图茅台酒广告分析

四川土产公司圈椒图茅台酒广告(E3)9则,时间为1947年7月至1948年8月,刊载媒体为《大公报(上海)》《新闻报》《飞报》等3种上海本地版报纸,此乃为在上海销售茅台酒之所需也。这9则茅台酒广告中均有圈椒图商标,后面阐述的四川土产公司茅台酒广告中则无圈椒图商标,故而分别统计分析。

5. 回沙茅酒广告分析

贵州茅酒公司"越茅"贵州茅酒广告(E4)3则。贵州茅酒公司上海办事处分别于1947年3月6日、8日、9日在上海《前线日报》上刊载"越茅"商标贵州茅酒广告,英文商标为"YEH WINE"。三则广告内容、版式一致。

6. 回沙茅酒广告分析

长沙商栈批发回沙茅酒广告(E5)2则刊载于1947年6月23日、24日的上海《新闻报》上,广告中有中文商标"回沙茅酒"和英文商标"HWEI SHA MAU WINE"字样,出产公司则模糊难辨。

7. 四川土产公司茅台酒广告分析

四川土产公司茅台酒广告(E6)107则。四川土产公司于1947年1月21日至1949年1月26日两年时间,在上海《诚报》《飞报》《新闻报》《铁报》《大公报(上海)》等报纸上较为密集地投放了107则大曲酒茅台酒、腊肉香肠等土特产广告。但广告中无前述"圈椒图"商标,且所售茅台酒产地、来源不详。

8. 其他茅酒广告分析

其他茅台酒广告(E7)13则。其中,贵州路中国旅社1946年12月27日在上海《新闻报》上刊载1则广告售卖云南宣威火腿和贵州茅台酒;长沙商栈于1947年1月9日、11日、13日、15日分别在《新闻报》投放"贵州茅台酒 廉价出售 货到不多 购请从速"字样广告,与前述长沙商栈批发回沙茅酒广告不同的是这里没有商标；大成旅社于 1947 年 7 月 25 日、26 日在南京《中央日报》上发布"真正茅台酒"广告；中国国货公司于 1947 年 9 月 16 日在上海《新闻报》刊载广告中有"贵州茅台酒每瓶二万五"字样内容；大新公司 1947 年 9 月 19 日、23 日上海《新闻报》和 1947 年 9 月 25 日上海《中华时报》上发布"贵州老牌茅台酒"广告；先施公司于 1947 年 9 月 22 日在上海《新闻报》上发布"贵州茅台酒 回沙茅酒"字样广告；永安公司于 1948 年 2 月 3 日在上海《新闻报》上发布"贵州赖茅台酒"字样广告。

　　总体而言，厂商以赖永昌恒兴酒厂发布 28 则广告为最多，销售商以四川土特产公司发布 116 则为最多。广告发布地点绝大多数在上海，个别在南京、重庆、香港。期间，民间已经有了较好的广告意识。至 1949 年年初，茅台酒广告骤然减少至停止，乃政治腐朽之国民党政权风雨飘摇、通货膨胀致经济衰退使然。

第二章　茅台酒文献注解

本书配以大量相关原始文献资料，旨在为读者呈现直观鲜活的历史细节，与读者分享前人留下的宝贵精神财富。本书以尊重历史文献原貌为基本原则进行编纂，其中无法辨认的，以□代之。由于编著者水平所限，书中难免存在不当或疏漏之处，恳请广大读者理解、见谅并予指正。

文献注解表格上方标题为"文献分类号＋'.'＋文献题名"。表格中著录了"序号、题名、责任者、载体及'年，卷（期）：页码'"。收录了原文中涉及茅台酒的相关内容，原文或原文片段前括号中的页码，是收录内容在原文图书（或报、刊）中的页码或版别。然后，对原文涉及的内容、人物、事件等做注解。

第一节　文学作品中的茅台酒

A.1　五月十日峙青处长邀饮茅台酒即席赋谢

序号、题名	责任者	载体	年，卷（期）：页码
【2】五月十日峙青处长邀饮茅台酒即席赋谢	袁炼人	交通丛报［N］	1931（160）：7－8

［注解］　本篇作者袁炼人于1931年五月初五日在椿寿庐设宴，吴石明、张金如、徐戊周、曹舜农有原韵奉和诗答谢。初十日，峙青处长邀饮茅台酒，袁炼人赋诗四首答谢，卜芸广、刘雪耘有诗唱和。

袁炼人为前清优附生，毕业于日本东京铁道学校。民国二年（1912）创办私立湖南交通学校并担任校长、《交通丛报》杂志社社长。该校后更名为湖南私立精炼高级电信运输职业学校。《交通学志》1934年第1卷有湖南交通学校办学各类批文、办学章程、历史沿革、教工名单、毕业生名册、袁炼人诗歌等。袁炼人先后在《交通丛报》《大公报（天津）》《时报》等刊物上有诸多诗词发表，亦有一众诗人与之唱和。《湖南古旧地方文献书目》今存有《湖南精炼高级电信运输职业学校第一期毕业纪念册》，其中汇辑该校第一期毕业纪念题词、祝词、校景插图、照片、名录等，并有董事长陈佩珩传和纪念亭记、校长袁炼人传等。

A.2　孙少元先生饮我茅苔（台）酒

序号、题名	责任者	载体	年，卷（期）：页码
【4】孙少元先生饮我茅苔（台）酒	金天翮	国学论衡［J］	1933，（10）：47

［**释读**］ 本篇律诗作者金天翮（1874—1947年），江苏省吴江市同里镇人，清末民初诗人、学者。光绪二十四年（1898），被举荐经济特科，不就，在家乡办学。后半生主要精力从事教育工作，曾在苏州国学会讲学，又在上海光华大学任教。著述主要有《天放楼诗集》《天放楼文言》《女界钟》《自由血》《孽海花》（前6回）等。

A.3 孙少元先生饮我茅苔（台）酒

序号、题名	责任者	载体	年，卷（期）：页码
【5】孙少元先生饮我茅苔（台）酒	金天翮	艺浪［J］	1933，（9—10）：5

［**释读**］ 金天翮、松岑甫编辑《艺浪》杂志1933年9—10期，与上篇"孙少元先生饮我茅苔酒"［《国学论衡》，1933，（10）：47］内容完全一致。

A.4 丙子新秋邻人饷以茅酒赋酬

序号、题名	责任者	载体	年，卷（期）：页码
【9】丙子新秋邻人饷以茅酒赋酬录（二）	李文萱	南社湘集［J］	1937，（8）：42

［**注解**］ 本篇作者李文萱，不详，《南社湘集》该期上收录其数篇诗歌。

A.5 长征的故事 茅台酒

序号、题名	责任者	载体	年，卷（期）：页码
【12】长征的故事 茅台酒	湘潮	自由中国（汉口）［J］	1938，（3）：298—300

［**注解**］ 本篇作者湘潮，不详。

A.6 教师日记

序号、题名	责任者	载体	年，卷（期）：页码
【17】教师日记	丰子恺	宇宙风（乙刊）［J］	1939，（18）：766—768

［**注解**］ 本篇作者丰子恺（1898—1975年），浙江省嘉兴石门镇人，工绘画、书法，亦擅散文创作及文学翻译，著名散文家、画家、文学家、美术家与音乐教育家。

A.7 近代成都两诗家

序号、题名	责任者	载体	年，卷（期）：页码
【21】近代成都两诗家	赵冈	宇宙风（乙刊）［J］	1940，（35）：9—12

［**注解**］ 本篇作者赵冈，不详，在民国报刊如《宇宙风：乙刊》上发表《近代成都两诗家》《关于"乱弹"名义的商兑》，在《宇宙风：乙刊》和《中央日报扫荡报联合版》上发表《南宋的遗

民文学》，在《中央日报（重庆）》上发表《说九歌》，在《平剧旬刊》上发表《乱弹名义诠真》。

A.8　妙峰山

序号、题名	责任者	载体	年，卷（期）：页码
【24】妙峰山	文宗山	万象［J］	1941，1（5）：27—36

［注解］　本篇作者吴崇文1919年出生江苏常州，笔名文宗山，旧上海的著名报人。曾在上海任《海报》影剧版编辑，《铁报》总编，上海《正言报》文艺副刊、《草原》及《每周影刊》主编。主编《春秋》《电影》《生活月刊》《文选》等月刊杂志。1950年任《新民晚报》文化版及体育版编辑，后又主编《五色长廊》专刊，著作有《两代儿女》《古城新月夜》。

A.9　芸庐纪事

序号、题名	责任者	载体	年，卷（期）：页码
【28】芸庐纪事	沈从文	人世间［J］	1942，1（1）：42—50

［注解］　本篇散文的作者沈从文（1902—1988年），湖南凤凰人，著名作家、历史文物研究者。

A.10　回忆诗人燕卜孙先生

序号、题名	责任者	载体	年，卷（期）：页码
【31】回忆诗人燕卜孙先生	赵瑞蕻	时与潮文艺［J］	1943，1（2）：67—68，84

［注解］　本篇作者赵瑞蕻（1915—1999年），浙江温州人。1935年温州中学毕业后入大夏大学中文系，次年转入山东大学外文系。抗战期间入西南联大外文系，师从吴宓，1940年毕业后在云南任中学教师。1941年冬到重庆南开中学任教，次年到中央大学外文系任助教，亦曾到女子师范学院任国文系副教授。1983年出版诗集，后出版有译著《红与黑》《梅里美短篇小说选》、论文集《诗歌与浪漫主义》、回忆录《离乱弦歌忆旧游》等。1990年获全国首届比较文学图书荣誉奖、江苏社会科学奖。

A.11　题岁朝图（图中有茅台酒瓶、落花生、黄豆芽、天竹子等）

序号、题名	责任者	载体	年，卷（期）：页码
【36】题岁朝图（图中有茅台酒瓶、落花生、黄豆芽、天竹子等）	黄炎培	国讯［J］	1943（355）：4—5

［注解］　1943年，沈叔羊在成都夫子池开画展前邀名人在画上题诗，本篇作者黄炎培在有茅台酒瓶的"岁朝图"上题诗。

黄炎培（1878—1965年），出生于江苏川沙县（今属上海市）。1949年9月出席中国人民政治协商会议。新中国成立后，历任中央人民政府委员、政务院副总理兼轻工业部部长、全国人大常委会副委员长、全国政协副主席、中国民主建国会中央委员会主任委员等职。1965年12月21日病逝。

沈叔羊（1909—1986 年），沈钧儒之子，浙江嘉兴人 ，早年肄业于天津南开中学。1949 年 9月到北京，先后在出版总署美术科、贸易部国外贸易司任职，在中央美术学院中国画系任教。1954年 6 月，任中央美术学院教授。1981 年 5 月，中央美术学院举办沈叔羊书画展，有山水、人物、花鸟、书法、指画等品类。1986 年 3 月，为慕田峪长城题写"留霞"匾额。画作有《农民》《双鱼》等，著作有《国画六法新论》《爱国老人沈钧儒》《画髓室题画诗词选》《谈中国画》《百花画谱》《寥寥集》（沈钧儒诗集）等。

A.12　吃酒

序号、题名	责任者	载体	年，卷（期）：页码
【38】吃酒	陈诒先	风雨谈［J］	1943，（7）：132－135

［**注解**］　本篇作者陈诒先，湖北浠水人，译著有《慈禧外纪》《庚子使馆被围记》等。《慈禧外纪》于 1914 年 8 月由翻译家陈冷汰、陈诒先译成中文并由中华书局在上海出版发行。原书名 *China under the Empress Dowager*，系由时任英国《泰晤士报》驻上海记者 J．O．P．Bland（濮兰德，1863—1945 年）和汉学家 Edmund Backhouse（白克好司，1873—1944 年）著，于 1910 年在美国费城和英国伦敦同时出版，主要讲述慈禧太后的一生。

《庚子使馆被围记》于 1917 年由陈冷汰、陈诒先译成中文并在上海出版发行，原书名 *Indiscreet Letters From Peking*，系由英国报纸驻北京记者 Bertram Lenox Simpson（辛普森）著，署名为 B．L．Putnam weale（朴笛南姆·威尔）。以作者亲身见闻，逐月或逐日记录 1900 年（庚子年）夏秋北京的义和团运动，特别是各国驻华使馆被围期间的情况，也反映了八国联军入京后抢劫掳掠暴行。

A.13　万世师表

序号、题名	责任者	载体	年，卷（期）：页码
【40】万世师表	袁俊	时与潮文艺［J］	1944，3（2）：73

［**注解**］　本篇话剧剧本作者张骏祥（1910—1996 年），笔名袁俊，出生于江苏镇江，导演、编剧、作家。1927 年考入清华大学西洋文学系，1931 年毕业后留校任助教。1936 年入美国耶鲁大学戏剧研究院学导演，兼学编剧、剧场建筑以及布景灯光等。1939 年从耶鲁大学毕业，获得美术硕士学位；同年回国，到迁至四川江安县的国立戏剧专科学校任教。1951 年执导电影《翠岗红旗》，该片获得文化部 1949—1955 年优秀故事影片二等奖。1954 年担任电影《鸡毛信》编剧。1956年，执导纪录电影《春节大联欢》。1964 年执导电影《白求恩大夫》。1982 年执导电影《大泽龙蛇》。著作有《新安江上》（电影文学剧本，1959 年）、《六十年代第一春》（集体创作电影文学剧本，1960）、《白求恩大夫》（与张拓合著电影文学剧本，1978）、《中国电影大辞典》（主编电影辞书，1995）。

A.14 忆雨词并序

序号、题名	责任者	载体	年，卷（期）：页码
【41】忆雨词并序	申吉	万象［J］	1944，3（11）：172—174

［注解］ 本篇作者申吉，不详，惟见其发表在民国期刊《万象》上的四篇诗文，其中《万象》1943 年第 3 卷第 3 期上三篇短文《免斋随笔：潘康唱和逸诗》（108 页）、《免斋随笔：渝酒》（第 120 页）、《免斋随笔：弘一法师书法》（180 页），1944 年第 3 卷第 11 期上 1 篇组诗《忆雨词（并序）》（第 173—175 页）。

A.15 谢春煦丈自黔寄惠茅酒

序号、题名	责任者	载体	年，卷（期）：页码
【207】谢春煦丈自黔寄惠茅酒	晚青楼主	海滨［J］	1948，（复刊第 1 期）：2

［注解］ 本篇作者晚青楼主，生卒不详。

第二节　新闻时评中的茅台酒

B.1 茅台酒变西成酒

序号、题名	责任者	载体	年，卷（期）：页码
【1】茅台酒变西成酒	仪	黔首［J］	1928，（10）：10

［注解］ 本篇作者"仪"，生卒不详，疑为记者，在民国报刊上发表数百篇新闻或诗文。本篇中提及的周氏、周主席、西成，均指周西成，周西成曾任贵州省长。当时小报上曾有对联曰："内政方针，有官皆桐梓；外交礼节，无酒不茅台"，讥讽周西成重用桐梓同乡、嗜茅台酒、累以茅台酒为礼物事，故而本篇作者有"茅台酒变西成酒"语。

B.2 闲话茅台酒

序号、题名	责任者	载体	年，卷（期）：页码
【6】闲话茅台酒	万松	国闻周报［J］	1935，12（22）：8

［注解］ 本篇律诗作者万松，不详，1929 年在《橄榄报》《吾友》《中央日报》上发表多篇新闻或诗文。文中言"酒初不名于世，故记载黔中风土之书如田雯之《黔书》类均不载"，指的是在田雯所著的《黔书》中没有关于茅台酒的记载。田雯（1635—1704 年），清初大臣、诗人，曾任贵州巡抚，著有《黔书》2 卷、《黔苗蛮记》1 卷等。

B.3　酒之品级 云南"茅台"首屈一指

序号、题名	责任者	载体	日期（版别）
【7】酒之品级 云南"茅台"首屈一指	元龙	铁报［N］	1937-1-12（4）

〔注解〕　本篇作者元龙，不详，在民国初年《新闻报》《饭后钟》等报刊上发表数十篇新闻和时评。

B.4　贵州名产 国产酒品中之最贵者

序号、题名	责任者	载体	日期（版别）
【10】贵州名产 国产酒品中之最贵者	蔗	铁报［N］	1937-6-13（4）

〔注解〕　本篇作者蔗，不详，疑为记者，在1935—1937年《中央日报》发表百余篇新闻和时评，在其他报刊亦有文章刊载。

B.5　醉人毋忘了贵州的茅台酒

序号、题名	责任者	载体	年，卷（期）：页码
【11】醉人毋忘了贵州的茅台酒	酒丐	商业新闻［J］	1938，1（1）：12-13

〔注解〕　本篇与前面1935年《国闻周报》12卷22期万松所撰"闲话茅台酒"内容大同小异，只是作者署名是"酒丐"。酒丐为抗战前天津《益世报》（1915—1937年）文艺副刊的特约撰稿人，在《益世报》有数十篇文章（小说）发表。

B.6　也谈"文章下乡"

序号、题名	责任者	载体	年，卷（期）：页码
【13】也谈"文章下乡"	佗陵	抗到底［J］	1938，（16）：2-4

〔注解〕　本篇作者罗庸（1900—1950年），笔名有耘人、佗陵、修梅等，出生于北京，蒙古族，古典文学研究专家和国学家。1950年病逝于重庆北碚，主要著作有《中国文学史导论》《陶诗编年》《陈子昂年谱》《魏晋思想史稿》《汉魏六朝诗选》等。

B.7　酒中之王黔省名产

序号、题名	责任者	载体	日期（版别）
【16】酒中之王黔省名产	园	力报［N］	1939-7-14（2）

〔注解〕　本篇作者园，生卒不详，疑为记者，在民国报刊上发表数百篇新闻、时文。本篇与作者"蔗"发表在《铁报》1937年6月13日"贵州名产：国产酒品中之最贵者"大同小异，个别地方有修改。

B.8　茅台酒

序号、题名	责任者	载体	年，卷（期）：页码
【20】茅台酒	镜清	中报周刊［J］	1940，（30）：22

　　［**注解**］　本篇作者镜清，不详，疑为记者，在《小日报》等民国报刊上发表数百篇新闻、时文。

B.9　九公自道 茅台酒

序号、题名	责任者	载体	日期（版别）
【22】九公自道 茅台酒	九公	奋报［N］	1940-5-18（3）

　　［**注解**］　本篇作者九公，不详，疑为记者，在民国《奋报》发表文章 300 余篇，在其他报刊亦多有文章发表。《奋报》由著名报人陶和奋于 1939 年 4 月 1 日在孤岛上海创刊。

B.10　茅台

序号、题名	责任者	载体	年，卷（期）：页码
【25】茅台	佚名	农放月报［J］	1941，3（9）：22

　　［**注解**］　《农放月报》是重庆中国银行农业放贷杂志，蜡纸手工刻写油印的简陋刊物。自 1939 年至 1942 年农业放贷期间办刊，"秉承中央农放政策"，"积极辅助农民，增加农业生产，以厚培国力"（见 1939 年第 1 卷第 1 期"本刊之使命"），主要刊载给农民进行农业贷款的相关信息，兼发一些时事新闻、轶事，1942 年《农放月报》第 4 卷第 8 期停刊（刊有停刊的"献辞"）。本篇中对于贵州女性的比喻描述有低俗、歧视、偏见之嫌，不足为训。

B.11　禁止酿酒

序号、题名	责任者	载体	日期（版别）
【26】禁止酿酒	anonymous（佚名）	The North-China Daily News［N］	1941-8-22（9）

　　［**注解**］　这是《字林西报》（*The North-China Daily News*）转发《新闻报》关于贵州为保护战时所需粮食而禁止用谷物酿酒、关闭酿酒厂的消息。早在 1939 年 11 月 27 日第 4 版《新闻报》"黔省府制之办法禁止酿酒熬糖"一文就报道说贵州省政府规定从 1939 年 12 月 16 日起施行禁止酿酒熬糖办法。之后，《新闻报》1941 年 6 月 24 日第 6 版"黔省厉行节约粮食"一文又报道贵州省政府明令通告全省各县禁止酿酒，从 1941 年 7 月 1 日起"所有已酿之酒及酿酒器一律封存"。

　　上海开埠之后，外商及外侨逐渐增多，急需沟通商业信息。1850 年 8 月 3 日，英国拍卖行商人亨利·谢尔曼（Henry Shearman）在上海英租界创办了《北华捷报》周刊（*North-China Herald*，又名《华北先驱周报》或《先锋报》），它是近代上海开埠以后出版的第一份英文报刊。1864 年 7 月 1 日继承《北华捷报》副刊《每日航运和商业新闻》（*Daily Shipping and Commercial*

News）形成了独立出版的综合性日报《字林西报》（*The North－China Daily News*），原来的《北华捷报》周报改为副刊，偏重于时事政治，随《字林西报》附赠。该报社早期在花园弄，后迁入汉口路，再迁到九江路，于 1901 年迁入外滩 17 号大楼。于 1941 年太平洋战争爆发后停刊，抗战胜利后于 1945 年复刊。1949 年上海解放后，《字林西报》因连续错误宣传而受到上海军事管制委员会的严重警告，于 1951 年 3 月 31 日彻底停刊。《字林西报》是近代中国出版时间最长、发行量最大、最有影响的外文报纸，是上海第一份近代意义上的英文报纸，号称中国的"泰晤士报"，所刊新闻具有重要的学术价值和史料价值。

B.12　贵阳漫画

序号、题名	责任者	载体	年，卷（期）：页码
【29】贵阳漫画	令狐令得	现代文艺（永安）［J］	1942，5（4）：173

［注解］　本篇现代诗作者令狐令得，不详，在民国报刊上发表了数十篇诗文、剧本等，是西南交通大学中文系段从学（《中国现代金陵诗人群述论》，《文艺争鸣》，2016 年第 7 期第 78～90 页）所称的金陵诗群诗人之一。

B.13　闻名寰宇之茅台美酒

序号、题名	责任者	载体	日期（版别）
【37】闻名寰宇之茅台美酒	佚名	东方日报［N］	1943－10－8（3）

［注解］　查询民国《东方日报》之"无所为而为斋什谈"相关文章数百篇、"无所为而为杂谈"相关文章千余篇，内容多为奇闻逸事、时事杂谈，推测"无所为而为"栏目相关短文为报社补白。本篇关于茅台酒的描述多有不准确的，如茅台在清初隶四川遵义永宁县，清末、民国时属贵州遵义仁怀县，"义成酒坊"应为"成义酒坊"。

B.14　一周动态（贵阳）

序号、题名	责任者	载体	年，卷（期）：页码
【39】天府之国一周动态（贵阳）	彭治平	经济新闻周报［J］	1944，2（3）：2

［注解］　本篇作者彭治平，不详，在民国期刊《经济新闻》上有数十篇新闻报道。

B.15　山城贵阳风光 老鼠多猫的身价抬高 茅台酒宫保鸡为名贵肴馔

序号、题名	责任者	载体	年，卷（期）：页码
【43】山城贵阳风光 老鼠多猫的身价抬高 茅台酒宫保鸡为名贵肴馔	南	中华周报（北京）［J］	1945，2（13）：11

［注解］　本篇作者南，不详，疑为记者，在民国报刊上发表多篇新闻、时文。

B.16 茅台酒

序号、题名	责任者	载体	日期（版别）
【46】茅台酒	海鲁	铁报〔N〕	1946-1-15（3）

［注解］ 本篇作者海鲁，生卒不详，疑为记者，在民国报刊上发表近百篇新闻、时文。

B.17 工商特写 茅台酒与文通书局

序号、题名	责任者	载体	年，卷（期）：页码
【48】工商特写 茅台酒与文通书局	仲朴	金融汇报〔J〕	1946，（19）：12

［注解］ 本篇作者仲仆，生卒不详，在民国报刊上另有多篇文章发表，如《消灭传染病菌之方法》（《兴华》1924 年 21 卷 第 31 期第 31-32 页），《储蓄之我见》（《益世报（天津版）》1926 年 7 月 3 日 14 版），《农村妇女界：北京一带农村妇女迷信的恶习》（《农民》1928 年第 4 卷第 2 期第 9 页及《农民》1928 年第 4 卷第 3 期第 11 页），《乡村妇女界：早婚的害处》（《农民》1928 年第 3 卷第 36 期 11 页），《小论坛：消灭传染病菌之方法》（《中西医学报》1929 年第 10 卷第 2 期第 80 页），《何谓适当的运动》（《大常识》1930 年 7 月 10 日 2 版）。文中地名"长"指长沙，提到的华问渠为"成义酒房""华茅"创始人华联辉之孙，简介如下。

华问渠（1894—1979 年），字永源，生于贵阳，勤奋好学，从贵州省宪群政法专科学校毕业后，协助其父华之鸿经营印刷厂、文通书局、造纸厂、"成义酒房"等家业。华之鸿在辛亥革命时曾任贵州谘议局筹备处议绅、贵州商务总会会长，辛亥革命后在"大汉贵州军政府"中担任财政部副部长兼官钱局总办、贵州都政府政务厅财政司司长。1934 年，华之鸿去世，华问渠全面接手管理家族企业。他尤其对文通书局的发展，"华茅酒"的品质、产量和地位起到了推进作用，使得华氏茅台酒成为品质最好、价格最贵、最受酒客欢迎的国产白酒，年产量也一度高达 21000 公斤；文通书局聚集了哲学家冯友兰、天文学竺可桢、数学家苏步青、作家臧克家等百名知名人士作为作家、编审、编辑、印刷、出版了大量优秀作品，成为与"商务书局""世界书局"等并列齐名的全国七大书局之一。从文中亦可看出华茅酒与文通书局相互支撑、相得益彰。

B.18 茅台酒销区达广州京沪

序号、题名	责任者	载体	年，卷（期）：页码
【49】茅台酒销区达广州京沪	联合征信所	征信新闻（重庆）〔J〕	1946，（519）：2

［注解］ 本篇为《征信新闻（重庆）》报社自己采集的新闻。同样的内容，在《征信新闻（南京）》也做了报道。两份报纸都是手工刻写蜡纸印刷的。

B.19 茅台酒销区达广州京沪

序号、题名	责任者	载体	年，卷（期）：页码
【50】茅台酒销区达广州京沪	联合征信所	征信新闻（南京）〔J〕	1946，（74）：2

［**注解**］ 本篇与上篇《征信新闻（重庆）》（1946（519）：2）内容完全一致，两份报纸都是手工刻写蜡纸印刷的。

B.20 "茅台酒"贵州女人的绰号

序号、题名	责任者	载体	年，卷（期）：页码
【51】"茅台酒"贵州女人的绰号	舟子	野风（上海）［J］	1946，（2）：9

［**注解**］ 本篇作者舟子，生卒不详，疑为记者，在民国报刊上发表数十篇新闻和时文。

B.21 玉貌坤伶来往苏杭道上 于素秋大喝茅台酒！

序号、题名	责任者	载体	年，卷（期）：页码
【52】玉貌坤伶来往苏杭道上 于素秋大喝茅台酒！	竹枝	上海滩［J］	1946，（26）：9

［**注解**］ 本篇作者竹枝，不详，在民国报纸上发表近十篇新闻。文中于素秋（1930—2017年），1930年生于北京，著名演员。八岁学刀马旦，九岁登台，擅打脱手北派，与父亲创出前、后、侧"双飞"踢枪招式，为后辈所模仿，因在京剧《白蛇传》中曾表演连踢十二支红缨枪技巧成名。

B.22 怀"茅台"——忘我楼随笔之一

序号、题名	责任者	载体	年，卷（期）：页码
【53】怀"茅台"——忘我楼随笔之一	无名	日月谭［J］	1946，（22）：27

［**注解**］ 本篇作者无名，不详，疑为记者，最早在清末杂志《新新小说》（1904年第1卷第3期、第4期）上连载发表翻译的侦探小说《忏悔录》，后在《时报》《民国日报》《大世界》《晶报》等上发表百余数篇新闻、时文，至1949年在香港《大公报》尚有文章发表。本篇是较早在台湾介绍茅台酒的文章。

B.23 未饮先醉的茅台酒

序号、题名	责任者	载体	年，卷（期）：页码
【54】未饮先醉的茅台酒	非酒人	东南风［J］	1946，（5）：4

［**注解**］ 本篇作者非酒人，不详。

B.24 赖茅酒即将抵沪

序号、题名	责任者	载体	日期（版别）
【55】赖茅酒即将抵沪	佚名	前线日报［N］	1946－6－30（10）

［注解］ 本篇作者佚名。

B.25 茅台酒味

序号、题名	责任者	载体	日期（版别）
【57】茅台酒味	柳絮	诚报［N］	1946-9-30（2）

［注解］ 本篇作者张廉如，笔名柳絮、杨澄，履历不详，疑为记者，在民国报纸如《力报》《大报》《亦报》《铁报》《诚报》《飞报》等上发表数千余篇时文或新闻报道。

B.26 茅台酒

序号、题名	责任者	载体	日期（版别）
【59】茅台酒	柴贵	诚报［N］	1946-10-26（2）

［注解］ 本篇作者柴贵，不详，在民国报刊上多有文章发表。

B.27 茅台酒

序号、题名	责任者	载体	日期（版别）
【61】茅台酒	芷庵	新闻报［N］	1946-11-19（15）

［注解］ 本篇作者顾芷庵，笔名芷庵，曾任民国《时报》编辑、记者，《上海风》周刊社长，在《新闻报》上发表数十篇时文或新闻报道，参见《图画时报》1930年第709期第2页"时报记者顾芷庵君与陆铭芝女士订婚之影"（照片），《上海画报》1931年第713期2页"时报本埠编辑顾芷庵先生与稗文女学毕业生陆铭之女士新婚俪影"，《时报》1931年6月8日第5版"露滴牡丹开顾芷庵陆铭之新家庭生活开始"。

B.28 贵州茅酒 抗战期内名震中外

序号、题名	责任者	载体	日期（版别）
【66】贵州茅酒 抗战期内名震中外	文沙	诚报［N］	1947-1-1（2）

［注解］ 本篇作者文沙，不详，在民国报纸如《诚报》《甦报》等上发表数百余篇新闻或时文。

B.29 茅台美酒

序号、题名	责任者	载体	年，卷（期）：页码
【71】茅台美酒	林冷秋	福建青年［J］	1947，（1）：19

［注解］ 本篇作者林冷秋，民国文人作家，余不详。君藩、陈揖旗、黑尼、刘含怀、林冷秋、李健编《1930—1949 福州诗与散文选》（海峡文艺出版，1991年）收录其诗文。

B.30　黔茅台酒名闻世界

序号、题名	责任者	载体	日期（版别）
【97】黔茅台酒名闻世界	佚名	益世报［N］	1947－3－23（2）

［**注解**］　本篇作者为该报记者，佚名。本篇介绍了茅台酒特殊的回沙工艺，以及当时在贵州、广州、上海的价格。

B.31　茅台酒的故事　惟请饮者留意焉

序号、题名	责任者	载体	年，卷（期）：页码
【100】茅台酒的故事　惟请饮者留意焉	佚名	青天（印度尼西亚）［J］	1947，（2）：18

［**注解**］　本篇作者生卒不详。

B.32　茅台酒

序号、题名	责任者	载体	日期（版别）
【110】茅台酒	本仁	正气日报［N］	1947－5－5（2）

［**注解**］　本篇作者本仁，不详。本文与前文"黔茅台酒名闻世界"（《益世报》1947年3月23日）大同小异、略有区别。

B.33　金窖茅台

序号、题名	责任者	载体	日期（版别）
【111】金窖茅台	勤孟	飞报［N］	1947－5－7（2）

［**注解**］　本篇作者潘勤孟（1911—1982年），又名铸辛，笔名勤孟，出生于江苏宜兴书香世家。1955年入新美术出版社，担任连环画文字作者。1956年入上海人民美术出版社，任连环画编辑、文学脚本作者。编有《木兰从军》《林则徐》《荆钗记》《詹天佑》《红楼梦》《林海雪原》等连环画。

B.34　茅台酒

序号、题名	责任者	载体	日期（版别）
【120】茅台酒	凤三	大风报［N］	1947－6－21（2）

［**注解**］　本篇作者凤三，生卒不详，疑为记者，在民国时期报纸上发表千余篇新闻或时文，其中《海报》尤其多，达数百篇。"一九三五年法国展览世界名酒"一说，未见有佐证。

B.35　茅台酒

序号、题名	责任者	载体	日期（版别）
【124】茅台酒	雷山	小日报〔N〕	1947－6－25（3）

　　〔注解〕　本篇作者雷山，生卒不详，在民国《小日报》上有发表百余篇新闻报道，疑为该报记者。

B.36　豹皮与茅台酒

序号、题名	责任者	载体	日期（版别）
【126】豹皮与茅台酒	丁慧	光报〔N〕	1947－7－6（2）

　　〔注解〕　本篇作者丁慧，不详，在《光报》上发表二十余篇新闻报道。

B.37　大曲与茅台

序号、题名	责任者	载体	日期（版别）
【130】大曲与茅台	克泼登	真报〔N〕	1947－7－31（2）

　　〔注解〕　本篇作者克泼登，不详，在民国《力报》《真报》《导报（无锡）》《前线日报》等发表十余篇新闻报道。

B.38　金银茅台

序号、题名	责任者	载体	日期（版别）
【132】金银茅台	勤孟	甦报〔N〕	1947－9－6（2）

　　〔注解〕　本篇内容与前文"金窖茅台"（《飞报》1947年5月7日第2版）大同小异、略有区别。

B.39　茅台诗画

序号、题名	责任者	载体	日期（版别）
【147】茅台诗画	敏如	真报〔N〕	1947－10－20（2）

　　〔注解〕　本篇作者敏如，不详。前文"题岁朝图"（《国讯》1943（355）：4－5）谈过黄炎培题岁朝图诗。

B.40　茅台酒闻名全国 酱园业开设渐多

序号、题名	责任者	载体	日期（版别）
【150】茅台酒闻名全国 酱园业开设渐多	佚名	新闻报［N］	1947—12—2（2）

［**注解**］　本篇作者佚名。

B.41　茅台酒

序号、题名	责任者	载体	日期（版别）
【153】茅台酒	雷山	小日报［N］	1947—12—18（3）

［**注解**］　本篇内容与雷山前文"茅台酒"（《小日报》1947 年 6 月 25 日（3））有相同的部分。

B.42　茅台恨

序号、题名	责任者	载体	日期（版别）
【154】茅台恨	苇窗	诚报［N］	1947—12—22（2）

［**注解**］　本篇作者沈苇窗（1918—1995 年），笔名苇窗，出生于上海，祖籍桐乡乌镇。毕业于上海中国医学院。20 世纪三四十年代，曾在上海参与编辑京剧名刊《半月戏剧》。能"望、闻、问、切"开中医药方，亦为演艺界朋友治愈嗓子。

B.43　喝茅台酒　吃爆羊肚领儿　谭秘公天桥"起病"记！

序号、题名	责任者	载体	年，卷（期）：页码
【208】喝茅台酒 吃爆羊肚领儿 谭秘公天桥"起病"记！	佚名	一四七画报［J］	1948，21（4）：10—11

［**注解**］　本篇作者佚名。

B.44　黄次郎赠我以茅台

序号、题名	责任者	载体	日期（版别）
【209】黄次郎赠我以茅台	游公	诚报［N］	1948—5—22（2）

［**注解**］　本篇作者游公，不详。

B.45　茅台

序号、题名	责任者	载体	日期（版别）
【224】茅台	朱白	大风报［N］	1948—7—9（3）

［**注解**］ 本篇内容与署名凤三的前文《茅台酒》(《大风报》1947 年 6 月 21 日第二版) 大同小异，疑朱白、凤三为同一位记者的不同笔名。

B.46 马富录九如吃局 杨宝忠茅台一瓶

序号、题名	责任者	载体	日期（版别）
【236】马富录九如吃局 杨宝忠茅台一瓶	曼华	飞报［N］	1948-10-5（4）

［**注解**］ 本篇作者曼华，不详，疑为记者，在民国报纸上发表数百篇新闻和时文。

B.47 四川大曲 与茅台酒同享盛名 以绵竹产最为地道

序号、题名	责任者	载体	日期（版别）
【262】四川大曲 与茅台酒同享盛名 以绵竹产最为地道	小兀	新闻报［N］	1949-4-13（10）

［**注解**］ 本篇作者小兀，不详，疑为记者，在民国报纸如《新上海》《小日报》等上发表百余篇新闻、时评。

B.48 我最喜欢茅台酒

序号、题名	责任者	载体	日期（版别）
【263】我最喜欢茅台酒	老凤	铁报［N］	1949-5-21（3）

［**注解**］ 本篇作者老凤，不详，疑为记者，在民国报纸上发表二千余篇新闻报道、时评文章，尤在《社会日报》《铁报》《东方日报》等上发表至多。

B.49 喝茅台酒 助需款人

序号、题名	责任者	载体	日期（版别）
【264】喝茅台酒 助需款人	倪行夏	飞报［N］	1949-6-21（4）

［**注解**］ 本篇作者倪行夏，不详。

第三节　政府公告中的茅台酒

C.1　财政部指令四川区税务局　据呈查报原定贵州茅台酒公卖价格费率应准备案由（二月十四日）

序号、题名	责任者	载体	年，卷（期）：页码
【8】财政部指令四川区税务局 据呈查报原定贵州茅台酒公卖价格费率应准备案由（二月十四日）	财政部	税务公报［J］	1937，5（8）：30-31

［注解］　本篇为国民政府财政部同意四川区税务局关于茅台酒税费备案的批文，附录原呈。

C.2　审定商标第二七二四三号"王泽生茅台村荣和烧房麦穗图回沙茅酒"注册商标

序号、题名	责任者	载体	年，卷（期）：页码
【14】审定商标第二七二四三号"王泽生茅台村荣和烧房麦穗图回沙茅酒"注册商标	王泽生	商标公报［J］	1938，（148）：27

［注解］　本文系"王泽生茅台村荣和烧房麦穗图回沙茅酒"注册商标公告。关于荣和烧房茅酒，根据茅台酒厂编著的《茅台酒厂志》记载，荣和烧坊又名"王茅烧坊""荣太和烧坊"，光绪五年（1879 年）由仁怀县王荣（又名石荣霄）、孙全太及"天和"盐号老板合股创建，三方各取一字，定名为"荣太和"烧坊，其酒人称"王茅"。开始由孙全太掌柜，三家分别按股提取利润。

图 1　王泽生茅台村荣和烧房麦穗图回沙茅酒注册商标

1915 年，仁怀县分为习水、仁怀两县，孙全太家距茅台村较远，又忙于他务，遂辞去掌柜职务，烧坊由王荣（又名石荣霄）负责经营。后孙全太提起撤资诉讼，经由仁怀县裁决，以二百两银子作股金和股息退孙全太，"荣太和烧坊"更名为"荣和烧坊"。石荣霄为石家养子，1918 年还宗王姓，改名王荣。至王荣长孙王少章时，烧坊基本为王家独自经营。1930 年前后王少章已故，"荣和烧坊"由其弟王泽生接办，孙全太的后人孙明远因股权及历年收益问题遂起纠纷，王泽生给付孙明远一千瓶茅酒，了结了孙家与荣和烧坊的关系。1936 年，"天和号"老板将股权全部转让给王泽生，至此烧坊为王荣后人掌管，后更名为"王茅烧坊"。本篇王泽生委托重庆陈述会计师申请商标文件到局时间为 1938 年 5 月 17 日，申请并经批准使用的商标仍有"荣和烧房"字样。

1949 年，王泽生去世，"王茅烧坊"由他的儿子王秉乾继续经营。王秉乾 1951 年 2 月离世，仁怀县法院判决王秉乾的"王茅烧坊"予以保留。1952 年 10 月"王茅烧坊"并入贵州茅台酒厂，成为组建贵州茅台酒厂的三大烧坊之一。1997 年，茅台国酒文化城为"王茅"传人王秉乾塑像。

C.3 审定商标第三〇一六七号"华问渠茅台杨柳湾华家成义酒房回沙茅酒"注册商标

序号、题名	责任者	载体	年，卷（期）：页码
【19】审定商标第三〇一六七号"华问渠茅台杨柳湾华家成义酒房回沙茅酒"注册商标	华问渠	商标公报［J］	1940，（171）：25

［注解］　本文系"华问渠茅台杨柳湾华家成义酒房回沙茅酒"注册商标公告。关于华家茅酒介绍如下。清咸丰四年（1854 年）春，舒光富参加独山杨元保起义失败，只身逃脱至桐梓县九坝，与杨龙喜计议宣称"奉粤西群英以檄文相邀"，响应太平天国起义，聚众千余于八月初四在九坝场发动起义。清廷遂派兵镇压，与号军战于茅台，村寨夷为废墟，虽杨龙喜、舒光富先后战亡，但黔中各地"匪军"此起彼伏"叛乱"长达二十年。茅台几十家酒房皆毁于兵灾，茅台酒生产一度中断。茅台镇酒业主要经营者秦商回乡避乱，又遭遇关中地区动乱，巨大财富被"官匪"洗劫一空，从此一蹶不振，退出茅台镇酿酒业。局势平稳后，遵义盐商华联辉在毁于兵灾七年的废墟上，寻流散酒师，重建酒房，依古法酿制"茅台烧"酒，初名为"成裕烧房"，后改名"成义酒房"，至同治八年（1869 年）华家茅酒正式面向市场。1879 年，石荣霄等开办"荣太和烧坊"。茅台镇酿酒业逐渐恢复和发展，进入了贵州人经营贵州茅酒时期，但生产和销售规模比秦商经营时期要小得多。

图 2　华问渠茅台杨柳湾华家成义酒房回沙茅酒注册商标

华联辉（1833—1885 年），字柽坞，贵州遵义县团溪人。其家族经营盐号，清同治八年（1869）购得酒厂，初自酿，后面向市场。所酿茅台酒人称"华茅"。十余年，积资白银数万两。先为副贡，清光绪元年（1875 年）举人。次年，被四川总督丁宝桢委办盐政。修陈规，改盐政为官运商销，在泸州设盐务总局，在各产盐区设厂局，收购食盐，以统一价格分售商人，商贩按零售价卖给百姓。实施此法后，盐价市场稳定，国库增收白银 200 余万两。他在四川执掌盐政数年，功绩卓著，名闻遐迩，被誉为经济大家，朝廷破格授以知府留川补用，但他辞谢不就，卒于光绪十一年（1885 年）1 月 9 日，终年 52 岁。

后华联辉之子华之鸿接办"成义酒房"，至茅台酒在巴拿马万国博览会获奖（成义、荣和两家共享）之后，年产扩大到 8500—9000 公斤。1936 年，川黔、湘黔、滇黔公路相继通车，给华茅酒的外销创造了良好条件。1944 年，华联辉之孙华问渠扩大经营规模，窖坑增加到 18 个，年产量高达 21000 公斤。1951 年，华家"成义酒房"被仁怀县人民政府收购，在此基础上成立了"贵州省专卖事业公司仁怀茅台酒厂"。

C.4　审定商标第四三一三六号"赖永昌恒兴酒厂大鹏赖茅（Lay Mao）茅酒"注册商标

序号、题名	责任者	载体	年，卷（期）：页码
【160】审定商标第四三一三六号"赖永昌恒兴酒厂大鹏赖茅（Lay Mao）茅酒"注册商标	恒兴酒厂	商标公报［J］	1947，（262）：68

［注解］　这是赖永昌恒兴酒厂大鹏赖茅（Lay Mao）茅酒商标的注册公告，关于赖茅酒介绍如下。

图 3　赖永昌恒兴酒厂大鹏赖茅（Lay Mao）茅酒注册商标

1929 年，贵阳商人周秉衡开办"衡昌烧坊"，开始在茅台村酿酒。1937 年，赖永初成立"大兴实业公司"并任经理，周秉衡以"衡昌烧坊"入股，任副经理。1941 年，赖永初独资收购"衡昌烧坊"并扩建，后更名为"恒兴酒厂"。赖永初以自己的姓氏"赖"和产地茅台村的"茅"结合，将恒兴酒厂所产茅酒冠名为"赖茅"，注册商标中中文名字"赖茅"，英文名字"Lay Mau"，图案为"大鹏展翅图"，酒瓶为小口圆柱土陶瓶。1953 年 2 月根据贵阳市财经委员会的通知，地方政府有关人员来到恒兴酒厂，宣读了政府接管恒兴酒厂的文件，此后恒兴酒厂合并入地方国营茅台酒厂。

囿于相关文献资料的缺乏，三家烧坊的前世今生、恩怨情仇以及纠葛纷争，热衷茅粉者可作专题研究，本著不做评论。

C.5　审定商标第四六〇五八号"民生四川土产圈椒图大曲酒回沙茅台酒"注册商标

商标号	呈请人	载体	年，卷（期）：页码
【161】审定商标第四六〇五八号"民生四川土产圈椒图大曲酒回沙茅台酒"注册商标	民生四川土产	商标公报〔N〕	1947，（269）：105

［**注解**］　本文系民生四川土产有限公司的圈椒图大曲酒回沙茅台酒注册商标公告，民生四川土产有限公司不详。

图4　民生四川土产有限公司"圈椒图大曲酒回沙茅台酒"注册商标

第四节　科技论著中的茅台酒

D.1　茅台酒展品与获奖等级

序号、题名	责任者	载体	地点：出版社，年：页码
【3】茅台酒展品与获奖等级	贵州省建设厅	贵州全省实业展览会专刊〔M〕	贵阳，1931：77，285，289

工业馆

类别	品名	数量	产地	出品人	备考
			……		
酱酒类					
	上茅酒	6瓶	仁怀	成义烧房	
			……		
	茅　酒	10瓶	仁怀	荣和烧房	

续表

类别	品名	数量	产地	出品人	备考
	茅　酒	10 瓶	仁怀	恒昌烧房	

工商组审查工业品给奖等级表

品名	产地	出品人	等级	评语	备考
			······		
茅酒	仁怀	成义	特等	酒味香纯（醇）可销省外	
			······		
茅酒	仁怀	荣和	甲等	醇香	
茅酒	仁怀	衡昌	甲等	清香	

　　[注解]　本篇是 1930 年在贵阳举办"贵州全省实业展览会"后，贵州省建设厅于 1931 年 1 月编印的会刊。

　　1930 年 3 月，由贵州省建设厅、农矿厅共同提议，省政府第 24 次政务会议通过，筹办展览会。征集的展品为天然品和制造品两大类，展览地点为当时的中山公园（中共贵阳市委曾经所在地、现恒峰步行街）。展览会于 1930 年 10 月 9 日上午 9 时正式开展，省主席兼展览会会长毛光翔训词，建设厅、农矿厅厅长窦居仁、杜运枢兼展览会副会长并分别致辞。展览会特别入场券每张售价银元壹千文，可免费看电影和戏剧；普通入场券每张售价银元 6 枚；有奖入场券售价也是每张售价银元 6 枚，可在最后几天摇号兑奖。为招徕观众，还举办了电影、戏剧、跳舞、唱歌、武术、烟火、抽奖等项目。放映的电影有《艺术家》《兰芝与仲卿》《义贼》等，演出的新剧有川剧《群仙会》《定军山》《凤仪亭》等以及京剧《空城计》《捉放曹》等。展会还设临时商场、小卖场所等。

　　展会对送征展品进行分组审查评级，酒被划入"酱酒类"组，这里的"酱酒类"包括酱油、醋、腌菜、各类酒等发酵酿制食品，不是现在"酱香酒"的意思。仁怀成义上等茅酒送展 6 瓶，获得特等奖；仁怀荣和茅酒、衡昌茅酒各送展 10 瓶，均获得甲等奖。对于获奖产品，均发放了感谢信和奖状。展会期间，组织了学校师生、军队官兵免费参观。展会于 1930 年 11 月 11 日闭幕，11 月 12 日开发免费参观。

D.2　十种茅台酒曲中丝状菌之初步分离与试验

题名	责任者	载体	时间、卷（期）、页码
【15】十种茅台酒曲中丝状菌之初步分离与试验	沈治平	工业中心［J］	1939，7（3/4）：10—17

　　[注解]　本篇作者沈治平（1915—2010 年），江苏省泰县人。1938 年毕业于中央大学农业化学系，1950 年毕业于美国俄勒冈州立大学食品科学技术系并获硕士学位，闻中华人民共和国成立及之后美国舰队进驻台湾的消息，毅然放弃攻读博士学位的机会，于 1950 年回到了祖国。回国后，到中央卫生研究院营养系工作达五十年。抗美援朝战争伊始，因志愿军食品缺乏维生素致使许多战士患夜盲症，沈治平接受了军粮营养改善任务，他召集团队成员调查研究，三个月时间内拿出的解决方案被完全采纳，即在食物中大量添加蛋黄粉，把经过脱水处理的蔬菜保存包装后运送到前线。

沈治平发现 1952 年出版的《食物成分表》不能适用，就用了近 15 年的时间研究，至"文化大革命"不得已中断。1978 年沈治平恢复研究，终于在 1991 年 10 月出版了新编《食物成分表》，"我国食物营养成分"项目研究获得了卫生部 1992 年科技成果一等奖，1994 年获得国家科技进步三等奖。他利用植物性食品发酵生产了维生素 B12，为我国膳食中维生素 B12 的来源开辟了新途径，同时，创建了一整套专一性强、灵敏度高的维生素 B12 测定方法。他曾任中国医学科学院营养学系教授，中国预防医学科学院营养与食品卫生研究所研究员、博士生导师，中国营养学会第一任会长，享受政府特殊津贴。

本篇涉及的试验研究由金培松 1938 年定题，并指导沈治平完成。金培松（1906—1969），浙江省东阳市后岑山人，别名柏卿。1931 年，国立劳动大学化学系毕业后入黄海化学工业研究所。1934 年任中央工业实验所酿造试验室主任，兼任四川教育学院和重庆大学教授。抗战期间，为几百瓶菌种不落入日本侵略者之手，孤身隐藏抢救，获国民政府胜利勋章。1944 年，金培松就读美国威斯康星大学。1947 年回国任中央工业试验所发酵室主任，对麻胶发酵菌、葡萄糖苷、柠檬酸发酵研究和中间工厂试验以及选育金霉素、链霉素等研究，获得突出成就。1949 年后任北京轻工业学院（现北京工商大学）教授。1954 年研制"发酵法制造葡萄糖酸钙"成功，由山东新华制药厂投产。1963 年被山西省轻工化学研究所聘为汾酒专题指导教师，后又被轻工业部聘到上海光华啤酒厂、上海啤酒厂和上海味精厂、酿造厂、酵母厂、酒精厂、梅林罐头厂做指导。多次赴京参加国庆观礼和全国科技规划会议，著有《酿造工业》《微生物学》《发酵工业分析》及大学讲义《应用微生物学》《酿造工艺学》《发酵工艺学》等。

D.3　贵州经济

序号、题名	责任者	载体	地点：出版社，年：页码
【18】贵州经济	张肖梅	贵州经济［M］	南京：中国国民经济研究所，1939：A28，L21—24

［注解］　本篇作者张肖梅，浙江宁波镇海人，民国时期著名经济专家。毕业于南京金陵女子大学经济学系，后留学美国、英国，获伦敦大学经济学博士学位，回国后历任中国银行经济研究室副主任、主任等职，后创建中国国民经济研究所、西南实业协会，主编《中外经济拔萃》《中外经济年报》《西南实业通讯》等期刊，对经济理论、工农业、交通、外贸多有论述，擅长经济调查统计，抗战前、抗战期间在大西南从事经济调查，著有《日本对沪投资》（1937 年）、《列强军事实力》（1939 年）、《贵州经济》（1939 年）、《四川经济参考资料》（1939 年）、《云南经济》（1942 年）、《实业概论》（1946 年）等著作。

D.4　贵州经济之自然赋予与利用（续）

序号、题名	责任者	载体	年，卷（期）：页码
【23】贵州经济之自然赋予与利用（续）	张肖梅	《商友》［J］	1940，（3）：1—16

［注解］　本篇为张肖梅书稿部分内容在《商友》期刊上的转载。

D.5 贵州经济概观

序号、题名	责任者	载体	地点：出版社，年：页码
【30】贵州经济概观	钱德升	贵州经济概观［M］	1942：118—119

［**注解**］ 本篇作者钱德升，生卒不详。所著《中国邮政（上卷）》于1935年出版，1942年出版所著《贵州经济概观》，还发表了经济、金融等专业学术论文。

D.6 中国酒曲

序号、题名	责任者	载体	年，卷（期）：页码
【35】中国酒曲	郭质良	东方杂志［J］	1943，39（12）：33—42

［**注解**］ 本篇作者郭质良，1936年毕业于山东大学化学系。据山东大学校史资料，在时任山东大学化学系主任汤腾汉教授指导下，与同学谢汝立等从山东收集20多种曲酒样品，经过分析比较，找到一种高效酵母，应用于酒精生产。1937年，化学系毕业留校任助教的郭质良、勾福长二人均取得佳绩。郭质良的《山东酒曲之研究》荣获中华文化教育基金委员会特种科研奖（奖金500元），汤腾汉、郭质良的论文《山东酒曲（附表）》发表在《科学》（1941年，第25卷第1/2期，第68~80页），国外刊物也进行了摘要介绍，引起了学术界的重视。郭质良、冯绍尧主编出版过《一化年刊》。1943年，郭质良的专著《发酵学》（应用科学丛书，插图版）由正中书局出版。

郭质良的老师汤腾汉是杰出的药物化学家。汤腾汉（1900—1988年），出生于印度尼西亚爪哇省阿拉汗，1917年入日本东亚高等预备学校，1918年入南京工业专科学校机械系，1920年入天津北洋大学（今天津大学）冶金系。1951年10月，他应邀参加军事医学科学院工作，曾于1963—1969年任副院长。1956年，加入中国共产党。他是全国政协第一、第二、第三届委员和第五届特邀委员，曾担任中国科学院化学专门委员会委员，全国卫生科学研究委员会药物专门委员会委员，卫生部药典委员会1953年版通讯委员、1963年版主任委员，中国药学会副理事长，全军医学科学技术委员会常委等职。20世纪80年代，军事医学科学院的重大科研成果"战时特种武器伤害的医学防护"，荣获首次国家级科技进步奖特等奖，汤腾汉作为主要组织领导者之一因贡献显著受到表彰，获得中国人民解放军原总后勤部荣誉证书。

D.7 新贵州概观

序号、题名	责任者	载体	地点：出版社，年：页码
【42】新贵州概观	贵阳中央日报社资料室	新贵州概观［M］	贵阳：贵阳中央日报社，1944：370—373

［**注解**］ 本篇为《新贵州概观》中关于茅台酒的描述。

第五节 广告启事中的茅台酒

茅台酒广告启事的分析参见第一章第四节，茅台酒广告启事原文则参见第三章第五节。对茅台酒广告启事未做注解，题录如下：

一、华家茅酒广告启事 5 则

1. 贵州省仁怀县茅台村华家. 贵州成义酒房启事［N］. 新闻报，1946－10－15（8）.
2. 上海区华成行. 贵州名产真正华家茅酒［N］. 新闻报. 1946－10－27（10）.
3. 华成行. 冬节礼品真正华家茅酒［N］. 新闻报，1946－12－23（14）.
4. 华成行. 冬节礼品真正华家茅酒［N］. 铁报，1946－12－24（3）.
5. 华成行. 冬节礼品真正华家茅酒［N］. 罗宾汉，1946－12－26（3）.

二、王茅荣和烧房茅台酒广告 1 则

1. 美味村. 荣和烧房茅台酒［N］. 益世报（重庆版），1941－9－1（1）.

三、赖茅酒广告 48 则

1. 恒兴酒厂. 赖茅［J］. 训练与服务，1943，2（1）：65.
2. 恒兴酒厂. 赖茅［J］. 训练与服务，1943，2（2）：5.
3. 恒兴酒厂. 赖茅［J］. 训练与服务，1943，2（3）：10.
4. 恒兴酒厂. 赖茅［J］. 训练与服务，1945，2（4）：10.
5. 恒兴酒厂. 赖茅［J］. 训练与服务，1945，3（2）：11.
6. 恒兴酒厂. 赖茅［J］. 民族导报，1946（创刊号）：35.
7. 恒兴酒厂. 赖茅名酒［N］. 中央日报，1946－7－21（7）.
8. 贵州茅台村恒兴酒厂. 贵州茅台酒之王真正赖茅到沪［N］. 新闻报，1947－12－11（6）.
9. 恒兴酒厂上海办事处. 贵州茅台酒之王真正赖茅［N］. 新闻报，1947－12－22（9）.
10. 恒兴酒厂上海办事处. 贵州茅台酒之王真正赖茅［N］. 新闻报，1947－12－23（12）.
11. 恒兴酒厂上海办事处. 贵州茅台酒之王真正赖茅［N］. 时事新报晚刊，1947－12－28（1）.
12. 恒兴酒厂上海办事处. 贵州茅台酒之王真正赖茅［N］. 时事新报晚刊，1947－12－30（1）.
13. 上海办事处. 贵州茅台酒之王真正赖茅［N］. 前线日报，1947－12－31（7）.
14. 恒兴酒厂上海办事处. 真正赖茅［N］. 真报，1948－1－1（7）.
15. 恒兴酒厂上海办事处. 贵州茅台酒之王真正赖茅. 时事新报晚刊，1948－1－1（4）.
16. 上海办事处. 贵州茅台酒之王真正赖茅［N］. 前线日报，1948－1－5（7）.
17. 恒兴酒厂上海办事处. 贵州茅台酒之王真正赖茅［N］. 飞报，1948－1－6（1）.
18. 上海办事处. 贵州茅台酒之王真正赖茅［N］. 前线日报，1948－1－6（7）.
19. 上海办事处. 贵州茅台酒之王真正赖茅［N］. 前线日报，1948－1－7（7）.
20. 上海办事处. 贵州茅台酒之王真正赖茅［N］. 前线日报，1948－1－8（7）.
21. 恒兴酒厂上海办事处. 贵州茅台酒之王真正赖茅［N］. 铁报，1948－1－9（1）.
22. 经销处先施公司、利川土产商店、重庆银耳行. 贵州茅台酒之王真正赖茅［N］. 前线日报，1948－1－9（7）.
23. 经销处先施公司、利川土产商店、重庆银耳行. 贵州茅台酒之王真正赖茅［N］. 前线日

　　报，1948－1－10（7）.

24. 恒兴酒厂上海办事处. 贵州茅台酒之王［N］. 铁报，1948－1－11（1）.

25. 经销处先施公司、利川土产商店、重庆银耳行. 贵州茅台酒之王真正赖茅［N］. 前线日报，1948－1－11（7）.

26. 恒兴酒厂上海办事处. 贵州茅台酒之王［N］. 罗宾汉，1948－1－12（1）.

27. 经销处先施公司、利川土产商店、重庆银耳行. 贵州茅台酒之王真正赖茅［N］. 前线日报，1948－1－12（7）.

28. 恒兴酒厂上海办事处. 贵州茅台酒之王真正赖茅［N］. 罗宾汉，1948－1－13（1）.

29. 恒兴酒厂上海办事处. 贵州茅台酒之王真正赖茅［N］. 飞报，1948－1－13（1）.

30. 经销处先施公司、利川土产商店、重庆银耳行. 贵州茅台酒之王真正赖茅［N］. 前线日报，1948－1－13（7）.

31. 经销处先施公司、利川土产商店、重庆银耳行. 贵州茅台酒之王真正赖茅［N］. 前线日报，1948－1－14（7）.

32. 经销处先施公司、利川土产商店、重庆银耳行. 贵州茅台酒之王真正赖茅［N］. 前线日报，1948－1－15（7）.

33. 恒兴酒厂上海办事处. 贵州茅台酒之王真正赖茅［N］. 罗宾汉，1948－1－16（1）.

34. 经销处先施公司、利川土产商店、重庆银耳行. 贵州茅台酒之王真正赖茅［N］. 前线日报，1948－1－16（7）.

35. 经销处先施公司、利川土产商店、重庆银耳行. 贵州茅台酒之王真正赖茅［N］. 前线日报，1948－1－17（7）.

36. 恒兴酒厂上海办事处. 贵州茅台酒之王真正赖茅［N］. 飞报，1948－1－18（1）.

37. 经销处先施公司、利川土产商店、重庆银耳行. 贵州茅台酒之王真正赖茅［N］. 前线日报，1948－1－18（7）.

38. 经销处先施公司、利川土产商店、重庆银耳行. 贵州茅台酒之王真正赖茅［N］. 前线日报，1948－1－19（7）.

39. 恒兴酒厂上海办事处. 贵州茅台酒之王真正赖茅［N］. 飞报，1948－1－20（1）.

40. 经销处先施公司、利川土产商店、重庆银耳行. 贵州茅台酒之王真正赖茅［N］. 前线日报，1948－1－20（7）.

41. 经销处先施公司、利川土产商店、重庆银耳行. 贵州茅台酒之王真正赖茅［N］. 前线日报，1948－1－21（7）.

42. 经销处先施公司、利川土产商店、重庆银耳行. 贵州茅台酒之王真正赖茅［N］. 前线日报，1948－1－22（8）.

43. 经销处先施公司、利川土产商店、重庆银耳行. 贵州茅台酒之王真正赖茅［N］. 前线日报，1948－1－23（8）.

44. 经销处先施公司、利川土产商店、重庆银耳行. 贵州茅台酒之王真正赖茅［N］. 前线日报，1948－1－24（8）.

45. 经销处先施公司、利川土产商店、重庆银耳行. 贵州茅台酒之王真正赖茅［N］. 前线日报，1948－1－25（8）.

46. 经销处先施公司、利川土产商店、重庆银耳行. 贵州茅台酒之王真正赖茅［N］. 前线日报，1948－1－26（8）.

47. 经销处先施公司、利川土产商店、重庆银耳行. 贵州茅台酒之王真正赖茅 [N]. 前线日报，1948-1-27 (8).

48. 经销处先施公司、利川土产商店、重庆银耳行. 贵州茅台酒之王真正赖茅 [N]. 前线日报，1948-1-28 (8).

四、四川土产公司圈椒图商标茅台酒广告9则

1. 四川土产公司. 圈椒图商标茅台酒 [N]. 大公报（上海），1947-8-14 (4).
2. 四川土产公司. 真茅台酒 [N]. 新闻报，1947-10-28 (3).
3. 四川土产公司. 真茅台酒 [N]. 新闻报，1947-11-12 (10).
4. 四川土产公司. 圈椒图商标茅台酒 [N]. 新闻报，1947-12-8 (12).
5. 四川土产公司. 圈椒图商标茅台酒 [N]. 新闻报，1948-5-8 (2).
6. 四川土产公司. 圈椒图商标茅台酒 [N]. 大公报（上海），1948-5-12 (4).
7. 四川土产公司. 圈椒图商标茅台酒 [N]. 飞报，1948-5-21 (4).
8. 四川土产公司. 圈椒图商标茅台酒 [N]. 新闻报，1948-7-6 (2).
9. 四川土产公司. 圈椒图商标茅台酒 [N]. 大公报（上海），1948-7-10 (7).

五、贵州茅酒公司越茅酒广告3则

1. 贵州茅酒公司上海办事处. 越茅 [N]. 前线日报，1947-3-6 (1).
2. 贵州茅酒公司上海办事处. 越茅 [N]. 前线日报，1947-3-8 (2).
3. 贵州茅酒公司上海办事处. 越茅 [N]. 前线日报，1947-3-9 (2).

六、长沙商栈回沙茅酒广告2则

1. 长沙商栈. 回沙茅酒 [N]. 新闻报，1947-6-23 (12).
2. 长沙商栈. 回沙茅酒 [N]. 新闻报，1947-6-24 (3).

七、四川土产公司茅台酒广告107则

1. 四川土产公司. 真茅台酒 [N]. 诚报，1947-1-21 (2).
2. 四川土产公司. 真茅台酒 [N]. 飞报，1947-1-21 (2).
3. 四川土产公司. 真茅台酒 [N]. 飞报，1947-1-25 (2).
4. 四川土产公司. 精制茅台 [N]. 飞报，1947-1-28 (2).
5. 四川土产公司. 精制茅台 [N]. 飞报，1947-1-29 (1).
6. 四川土产公司. 精制茅台 [N]. 飞报，1947-2-2 (3).
7. 四川土产公司. 贵州茅台酒 [N]. 新闻报，1947-2-16 (6).
8. 四川土产公司. 贵州茅台酒 [N]. 新闻报，1947-2-17 (5).
9. 四川土产公司. 贵州茅台酒 [N]. 新闻报，1947-2-18 (7).
10. 四川土产公司. 贵州茅台酒 [N]. 新闻报，1947-2-21 (7).
11. 四川土产公司. 贵州茅台酒 [N]. 新闻报，1947-2-23 (7).
12. 四川土产公司. 贵州茅台酒 [N]. 新闻报，1947-2-24 (11).
13. 四川土产公司. 真茅台酒 [N]. 飞报，1947-3-6 (1).

14. 四川土产公司. 真茅台酒 ［N］. 飞报, 1947－3－7 (1).

15. 四川土产公司. 真茅台酒 ［N］. 大公报 (上海), 1947－3－7 (8).

16. 四川土产公司. 真茅台酒 ［N］. 飞报, 1947－3－8 (1).

17. 四川土产公司. 真茅台酒 ［N］. 飞报, 1947－3－9 (1).

18. 四川土产公司. 真茅台酒 ［N］. 飞报, 1947－3－10 (1).

19. 四川土产公司. 真茅台酒 ［N］. 大公报 (上海), 1947－3－10 (5).

20. 四川土产公司. 真茅台酒 ［N］. 大公报 (上海), 1947－3－13 (8).

21. 四川土产公司. 真茅台酒 ［N］. 大公报 (上海), 1947－3－21 (8).

22. 四川土产公司. 真茅台酒 ［N］. 大公报 (上海), 1947－3－22 (4).

23. 四川土产公司. 真茅台酒 ［N］. 大公报 (上海), 1947－3－25 (1).

24. 四川土产公司. 真茅台酒 ［N］. 大公报 (上海), 1947－3－26 (8).

25. 四川土产公司. 真茅台酒 ［N］. 新闻报, 1947－4－6 (2).

26. 四川土产公司. 真茅台酒 ［N］. 新闻报, 1947－4－10 (2).

27. 四川土产公司. 真茅台酒 ［N］. 大公 (香港), 1947－4－11 (1).

28. 四川土产公司. 真茅台酒 ［N］. 大公报 (上海), 1947－4－11 (1).

29. 四川土产公司. 真茅台酒 ［N］. 大公报 (上海), 1947－4－18 (1).

30. 四川土产公司. 真茅台酒 ［N］. 大公 (香港), 1947－4－18 (1).

31. 四川土产公司. 真茅台酒 ［N］. 新闻报, 1947－4－19 (2).

32. 四川土产公司. 真茅台酒 ［N］. 新闻报, 1947－4－23 (1).

33. 四川土产公司. 真茅台酒 ［N］. 新闻报, 1947－4－27 (2).

34. 四川土产公司. 真茅酒 ［N］. 大公报 (上海), 1947－5－12 (8).

35. 四川土产公司. 真茅酒 ［N］. 大公报 (上海), 1947－5－15 (1).

36. 四川土产公司. 真茅酒 ［N］. 新闻报, 1947－5－19 (10).

37. 四川土产公司. 真茅台酒 ［N］. 飞报, 1947－6－10 (3).

38. 四川土产公司. 真茅台酒 ［N］. 新闻报, 1947－6－12 (2).

39. 四川土产公司. 端节礼品真茅台酒 ［N］. 飞报, 1947－6－13 (1).

40. 四川土产公司. 端节礼品真茅台酒 ［N］. 大公报 (上海), 1947－6－13 (1).

41. 四川土产公司. 礼品花篮真茅台酒 ［N］. 新闻报, 1947－6－18 (3).

42. 四川土产公司. 名贵礼品真茅台酒 ［N］. 新闻报, 1947－6－22 (2).

43. 四川土产公司. 四川风味大本营真茅台酒 ［N］. 新闻报, 1947－7－5 (3).

44. 四川土产公司. 真茅台酒 ［N］. 新闻报, 1947－7－14 (12).

45. 四川土产公司. 真茅台酒 ［N］. 新闻报, 1947－9－16 (7).

46. 四川土产公司. 真茅台酒 ［N］. 大公报 (上海), 1947－9－16 (10).

47. 四川土产公司. 真茅台酒 ［N］. 飞报, 1947－9－18 (2).

48. 四川土产公司. 真茅台酒 ［N］. 大公报 (上海), 1947－9－18 (5).

49. 四川土产公司. 真茅台酒 ［N］. 飞报, 1947－9－19 (3).

50. 四川土产公司. 真茅台酒 ［N］. 新闻报, 1947－9－19 (8).

51. 四川土产公司. 真茅台酒 ［N］. 飞报, 1947－9－20 (3).

52. 四川土产公司. 真茅台酒 ［N］. 飞报, 1947－9－25 (2).

53. 四川土产公司. 真茅台酒 ［N］. 新闻报, 1947－9－25 (5).

54. 四川土产公司. 真茅台酒［N］. 大公报（上海），1948－1－26（6）.

55. 四川土产公司. 茅台酒［N］. 新闻报，1948－2－2（7）.

56. 四川土产公司. 真茅台酒［N］. 新闻报，1948－4－25（6）.

57. 四川土产公司. 真茅台酒［N］. 飞报，1948－5－4（1）.

58. 四川土产公司. 真茅台酒［N］. 新闻报，1948－5－4（7）.

59. 四川土产公司. 真茅台酒［N］. 飞报，1948－5－5（1）.

60. 四川土产公司. 真茅台酒［N］. 飞报，1948－6－2（1）.

61. 四川土产公司. 茅台酒［N］. 新闻报，1948－6－4（2）.

62. 四川土产公司. 真茅台酒［N］. 飞报，1948－6－6（1）.

63. 四川土产公司. 真茅台酒［N］. 飞报，1948－6－8（1）.

64. 四川土产公司. 端节礼品茅台酒［N］. 新闻报，1948－6－8（9）.

65. 四川土产公司. 真茅台酒［N］. 罗宾汉，1948－6－9（1）.

66. 四川土产公司. 真茅台酒［N］. 飞报，1948－6－9（2）.

67. 四川土产公司. 真茅台酒［N］. 罗宾汉，1948－6－10（1）.

68. 四川土产公司. 端节礼品真茅台酒［N］. 飞报，1948－6－10（2）.

69. 四川土产公司. 茅台酒［N］. 大公报（上海），1948－6－10（7）.

70. 四川土产公司. 端节礼品真茅台酒［N］. 飞报，1948－6－11（2）.

71. 四川土产公司. 真茅台酒［N］. 飞报，1948－7－2（1）.

72. 四川土产公司. 真茅台酒［N］. 飞报，1948－7－9（2）.

73. 四川土产公司. 真茅台酒［N］. 飞报，1948－7－18（3）.

74. 四川土产公司. 茅台酒［N］. 大公报（上海），1948－7－29（4）.

75. 四川土产公司. 真茅台酒［N］. 飞报，1948－8－14（3）.

76. 四川土产公司. 真茅台酒［N］. 飞报，1948－8－17（2）.

77. 四川土产公司. 真茅台酒［N］. 飞报，1948－8－29（3）.

78. 四川土产公司. 真茅台酒［N］. 飞报，1948－8－30（1）.

79. 四川土产公司. 真茅台酒［N］. 飞报，1948－9－4（4）.

80. 四川土产公司. 茅台酒［N］. 新闻报，1948－9－11（2）.

81. 四川土产公司. 茅台酒［N］. 飞报，1948－9－16（2）.

82. 四川土产公司. 茅台酒［N］. 飞报，1948－10－5（3）.

83. 四川土产公司. 茅台酒［N］. 飞报，1948－10－17（3）.

84. 四川土产公司. 茅台酒［N］. 新闻报，1948－11－17（2）.

85. 四川土产公司. 茅台酒［N］. 飞报，1948－11－18（2）.

86. 四川土产公司. 茅台酒［N］. 飞报，1948－11－21（3）.

87. 四川土产公司. 茅台酒［N］. 新闻报，1948－12－6（3）.

88. 四川土产公司. 茅台酒［N］. 飞报，1948－12－7（4）.

89. 四川土产公司. 茅台酒［N］. 铁报，1948－12－7（4）.

90. 四川土产公司. 茅台酒［N］. 新闻报，1948－12－9（3）.

91. 四川土产公司. 茅台酒［N］. 大公报（上海），1948－12－12（3）.

92. 四川土产公司. 茅台酒［N］. 新闻报，1948－12－14（3）.

93. 四川土产公司. 茅台酒［N］. 新闻报，1948－12－23（7）.

94.　四川土产公司. 茅台酒 [N]. 大公报（上海），1948-12-24（3）.

95.　四川土产公司. 茅台酒 [N]. 新闻报，1948-12-27（2）.

96.　四川土产公司. 茅台酒 [N]. 大公报（上海），1948-12-28（3）.

97.　四川土产公司. 茅台酒 [N]. 飞报，1948-12-30（3）.

98.　四川土产公司. 茅台酒 [N]. 新闻报，1948-12-30（5）.

99.　四川土产公司. 茅台酒 [N]. 新闻报，1948-12-31（2）.

100.　四川土产公司. 茅台酒 [N]. 飞报，1948-12-31（2）.

101.　四川土产公司. 恭贺新禧茅台酒 [N]. 新闻报，1949-1-1（7）.

102.　四川土产公司. 恭贺新禧茅台酒 [N]. 新闻报，1949-1-15（10）.

103.　四川土产公司. 名贵礼品茅台酒 [N]. 大公报（上海），1949-1-16（3）.

104.　四川土产公司. 四川土产大本营茅台酒 [N]. 飞报，1949-1-21（2）.

105.　四川土产公司. 春节特价茅台酒 [N]. 大公报（上海），1949-1-23（5）.

106.　四川土产公司. 春节特价真茅台酒 [N]. 大公报（上海），1949-1-25（6）.

107.　四川土产公司. 大特价最后一天茅台酒 [N]. 新闻报，1949-1-26（3）.

八、其他茅台酒广告 13 则

1.　中国旅社. 送礼佳品贵州茅台酒 [N]. 新闻报，1946-12-27（13）.

2.　长沙商栈. 贵州茅台酒廉价出售 [N]. 新闻报，1947-1-9（7）.

3.　长沙商栈. 贵州茅台酒廉价出售 [N]. 新闻报，1947-1-11（11）.

4.　长沙商栈. 贵州茅台酒廉价出售 [N]. 新闻报，1947-1-13（6）.

5.　长沙商栈. 贵州茅台酒廉价出售 [N]. 新闻报，1947-1-15（7）.

6.　大成旅社. 真正茅台酒 [N]. 中央日报，1947-7-24（6）.

7.　大成旅社. 真正茅台酒 [N]. 中央日报，1947-7-25（6）.

8.　中国国货公司. 秋节礼品贵州茅台酒每瓶二万五 [N]. 新闻报，1947-9-16（3）.

9.　大新公司. 贵州老牌茅台酒市价每瓶 3 万元特价每瓶 2 万 2 千元 [N]. 新闻报，1947-9-19（3）.

10.　先施公司. 回沙茅酒 [N]. 新闻报，1947-9-22（2）.

11.　大新公司. 贵州老牌茅台酒每瓶 2 万元 [N]. 新闻报，1947-9-23（3）.

12.　大新公司. 真茅台酒 [N]. 中华时报，1947-9-25（4）.

13.　永安公司. 贵州茅台酒原价每瓶十五万元减售每瓶十二万元 [N]. 新闻报，1948-2-3（3）.

第三章　茅台酒文献原文示例

本章呈现茅台酒文献原文。其中少数文献由于原始印刷问题，以及年代久远、扫描精度限制、版面缩小等诸多原因，涉及茅台酒的内容字迹漫漶不清，不符合图书印刷要求而予以舍弃。

第一节　茅台酒文学作品原文

【2】A.1 袁炼人. 五月十日峙青处长邀饮茅台酒即席赋谢 ［J］. 交通丛报，1931，（160）：7.

報　　叢　　通　　交

文　苑

奉和亦詩世界主人五五文讓原韻　吳石明

可阜財。
心開。松翠如亭蓋。花香欲裹杯。風塵潛淇洞。廿載罹民財。

韻　曹舜農

國歷五五鍊人社長招飲賜章謹步原

高閣連雲起。滿風午正來。國安期石莫。燭早愣。蒲開。柳壘初鳴劍。桃源緩渡杯。誰知秦漢世。勢力復傷財。

為赴隨園召。因逢舊雨來。韶光三月好。雜樹萬花開。南北雙詩社。江山一杯酒。顧售文興盡。買憶乏多財。

重五佳節承　鍊人社長邀飲椿壽廬
即席有詩謹依原韻答謝　　張金如

隨園詩價重。地僻客偏來。綠柳門重揭。紅榴苑。難度金陵去。呼庚豈愛財。（指公新遷至此）燕語勸衔。早開。鶯歌欣出谷。

杯。

五月十日峙青處長邀飲茅台酒即席
賦謝　　袁鍊人

久別新歸興最賒。（衛支親家新由吉林歸）重逢何惜醉流霞。白門去歲竹飛盪。（去年游寧慕先亦招飲茅臺酒）青島當年共看花。（衛兄前在青招看櫻花君與雪耘同醉花間）劫後醇醪尤可貴。醉餘香味更堪嘉。與來不覺吟情發。奚計詩今一例斜。（竹橋公在座有文正對武斜譜語余間今之

分庚欸完成粵漢）

重五鍊人社長招飲北郊外寓廬即次

原韻　　徐戊舟

不負酒人約。青郊策蹇來。看山詩眼凈。倚閣壯

七

【2】A.1 袁炼人. 五月十日峙青处长邀饮茅台酒即席赋谢 [J]. 交通丛报，1931，(160)：8.

第 一 百 六 十 期

文　苑

（白話詩自稱也是詩文正不如對詩斜）

迎夏用峙青邀飲原韻酬雪耘監督

昨日春歸別路賒。今朝迎夏拜君嘉。（陳君承
發表）良辰雨灑芳郊草。好句風行曉甕花。（段
公書聯句指君昨作）硯瓦牟池關碧浪。錦霞千尺
掛紅霞。（謝句）他時若訪山人宅。繞麥穿桑石
徑斜。（放翁句）

**迎夏日承　芸盦籠招三疊峙青邀飲
原韻奉謝**
　　　　　　鍊人

無價青山為我賒。（蘇句）何期迎夏過秦嘉。階
前再茁宜男草。（徐淑當卜宜男）堂上重開金
萱花。（公侍萱堂同享退齡）薄釀兩樽澆曉露。
（昨陳露酒藉以稱觴）輕紗一幅染朝霞。（李賀
句昨贈絲為蕭賀彌月大善）躋堂我自稱觥觥。醉
手題詩字字斜。（放翁句）

迎夏贈客次　鍊公元韻　卜芸巳　八

暮年屆望已非賒。南渡功名謝永嘉。老去春暉憐
寸草。（老母八十餘憐我無子）添來侍女到三花
。（今年舉第三女）熊蹯未熟虛長日。（是日烹
魚皮不熟）馬齒徒增戀晚霞。金粉六朝消歇盡。
有人惆悵玉鈎斜。

**雪耘監督邀飲關署四疊前韻奉謝並
約浴佛日小集鹿洞里**
　　　　　　袁鍊人

客來應許酒頻賒。（韋莊句）曲沼芙蕖映竹嘉。
（何中句）郊外何人看門草。洞前有佛笑拈花。
前賢杯已邀明月。詰旦樽宣醉綺霞。擬點碧山廬
外路。短莎分徑入門斜。（許成錫）

峙青處長招飲作即次浚明社長原韻
　　　　　　劉雲雲

盈觴有酒未須賒。日暮和風散綺霞。對影好邀簾

【4】A.2 金天翮. 孙少元先生饮我茅苔（台）酒 [J]. 国学论衡，1933，(10)：47.

花名曼陀羅開花示吉祥碧雞金馬間閃閃神光花如菩薩面發彩照殿廊樹如金剛身藝厚犀甲彊

百枝玲瓏燈萬言錦繡腸文幹挺奇姿麗若班裏揚袍帶裹山川盤盂施天漿銀漢一天孫織室千機張

日月兩天子宮中萬嬌嬉春遊涉昆華被服姬與姜寒門燭龍開阿閣火鳳翔寶井碧霞多根枝潄腴肪

花神十二宮膜拜燦成行盡攝華嚴觀冊爾大寶王春晚我遊滇已過好年芳高花三五朵如晉夔尾鶴

希有固見珍我來兄贏糧品第有嘉譜容我細平章攜種倘東歸樹之紅鶴莊千花照四座桃杏揮門牆

翠湖海心寺碧漪亭 湖即沐氏九龍池俗稱翠海 前人

海若西來不復驕九龍池水撥堂坳靜觀日影簾波轉不覺游魚萬簡跳

游魚織渚互忘機雲影涵虛颺夕暉忽地鷙驚高樹立微風吹落雪毛衣

孫少元先生飲我茅苔酒 前人

滇南釀酒酒名不容岬客座攢眉薑桂辣渝城大麴蘇合膩譽滿賓筵我未達南皮獨贊嘉陵酒正似寒

隱逢議拔黔北酒以茅苔著邐然可近不可狎我雖嗜飲止三醨生氣益通亡髮格律清嚴何所似有

似膺游鎮姦獷東野詩后山峻近代莫五更蕭括苦筍抹味回咽坐覺乾坤清氣萬東齋先生老抱

節亦似茅苔酒耐咂五年相別一沈醉金線魚肥乳餅滑開筵細疏酒譜牒素悉掀作琖廚娘度關越嶺

酒甕小甕泥未撥香噴發酒波清過水波清醉夢還家泛苕雪

夜宿雲濤寺 前人

文苑

四七

【5】A.3 金天翮，松岑甫. 孙少元先生饮我茅苔（台）酒 [J]. 艺浪，1933，(9—10)：5.

藝　浪	鶴窠西南遊草	金天翮

菩薩面發彩照殿廊樹如金剛身葉厚犀甲强百枝玲瓏燈萬言錦繡腸文幹挺奇麥麗
若班與揚袍帶裏山川盤盂施天漿銀漢一天孫織室千機張日月兩天子宮中萬嬪嬙
春遊涉崑華被服姬與姜寒門燭龍開阿閣火鳳翔寶井碧霞多根枝漱腴肪花神十二
宮膜燦成行盡瑣華殿觀冊爾大寶王春晚我遊滇已過好年芳高花三五朵如晉楚尾
鵷希有固見珍我來況廩糧品第有嘉譜容我細平章攜種傾東歸樹之紅鶴莊千花照
四座桃杏揮門牆

翠湖海心寺碧漪亭 湖卽沐氏九龍池俗稱翠海

海若西來不復驕九龍池水撥堂坳靜觀日影篩波轉不覺游魚萬箇跳
游魚織渚互忘機雲影涵盧籟夕暉忽地鷺鷥高樹立微風吹落雪毛衣

孫少元先生飲我茅苔酒

滇南醋酒 酒名 不容呷客座攢眉薑桂辣渝城大麯蘇合膩譽滿賓筵我未達南皮獨贊
嘉陵酒正似寒際遊識拔黔北酒以茅苔著灑然可近不可狎我雖嗜飲止三醻生氣益
益通毛髮格律清嚴阿所似有似騰湘鑣匆獵東野詩苦后山峻近代莫五更蕭括苦筍
諫果味同處坐覺乾坤清氣茴東齋先生老抱節亦似茅苔酒耐咂五年相別一沈醉金
線魚肥乳餅滑開筵細疏酒譜牒素將掀作堯廚嬰庋關越嶺酒甖小甕泥未撥香噴發
酒波清過水波清醉夢還家泛苕霅

西林子安兩孃長招遊安寧碧玉泉 湯泉山升庵許爲天下第一湯

多病字百藥心寶不藥瘳名也曷當病來向茲泉遊澒澒一池水浴之心神休雷錠質矜
貴云向茲泉求賞此碧玉湯恨無碧玉甌陰火炁陽冰百疾爲深仇解衣一磅礴狎浪同
鳧鷗髹髹五禽戲汗出不可收湯山天下多品藻壓九州繄維滇淑靈丁壬結好迷萬古
此氤氳何人先拍浮

夜宿雲濤寺

螳螂川上灘聲急奔向雲濤寺裏來夜半狂濤舂客枕起看明月墮山隈
古殿荒寒燕不樓窮山春盡藥苗肥山僧對客有禮數遍撒松鍼作地衣

早　渡

螳螂川上早來經鐵索狐舟挽着行雙鬟堆花斜照水亦知蠻女愛春晴

曹溪寺曇花 寺去雲濤三里

【9】A.4 李文萱. 丙子新秋邻人饷以茅酒赋酬（四首录二）[J]. 南社湘集，1937，（8）：42.

詩錄

對茗懷寒瓊展畫念勁菊珠江兩畫師時時在心目中郎眠白下報我平安竹

妬煞伉儷賢同唱莫愁曲句〔原〕流風起晚唐想見狂杜牧和章先索畫春暖墨

花郁〔郁〕

瘦筆愛畫梅淡筆留畫菊兩物最清幽詢足遊倦目若左補一石或右添數竹

似此供臥遊勝坐瀟湘曲風來清籟發笛不煩村牧披圖傲管趨文彩定郁郁

丙子新秋鄰人餉以茅酒賦酬 四首錄二

白木長鑱託命時天將沈醉老糟醠黃花未放秋先到待補陶家短短籬

日飲無何事可知飄蕭短羽惜差池似聞酒德新成頌遲我花前倒接籬

誰遣九十六疊師韻

誰遣君王怒偓佺師魚龍戲盡幻於詩急來抱佛僧何拙不倒稱翁爾或癡得子

最難棋腐後看花須趁月來時明珠寥寂原同慨一芥須彌莫浪期

上雪耘社長長沙 本九十疊

【12】A.5 湘潮. 长征的故事　茅台酒 [J]. 自由中国（汉口），1938，（3）：300.

茅　台　酒

小部分是負任與西康的番人或者和漢人進行交易他們沒，處理或承襲家康的權利，白骨頭是被俘擄的漢人可是現在也只有極少數會講漢語，據說黑骨頭是絕不與他們通婚的，他們的房屋衣服都很簡單房屋通常是用木碼架成的，主要的食物是馬鈴薯，在烏龔家區城宿縣時東見到有藏文的經典，也許他們也是信仰佛教的吧！

茅台是在赤水河右岸的一個市鎮，旁邊有一條小溪流出來那帶水河派流名叫楊柳灣，據說茅台酒必須沒自楊柳灣的水，才會成為佳釀，這也許是由於小溪的水，自發源處帶來了某種礦質吧。

軍行至茅台，正是初夏的一個晚上，天熱口渴，同行的楊同志，平素便覺好這杯中物，適次他可如願以償了，喝之不足，糧之以帶，解下了熱水瓶，把溫茶傾倒了，滿滿發了一瓶，我着念的向他說，口渴的時候怎樣統呢，他卻很高興的看着新發上的酒答道：眼題圖。

天明後，爬上了對岸的山，炎熱的太陽，放散着溫熱的水汽，人好像是油鍋上的螞蟻，大家蟄伏樹林下，草莽中，雖然有習習之的微風，口涎也總是不夠用，附近又無清水，渾身已被熱氣烈熱得蒙惚起來。

楊同志，翻轉他的身，從樹枝上取下熱水瓶，還給我說了一句，喝點茶吧！我巳耐不住了接過來，便一欽而過半瓶，頓時便覺蟻神怕，不自禁的嘆了一聲：好茶。

楊同志接過熱水瓶一看驚奇的說了一句，嘻！喝了這樣多，你，真的把酒當茶喝了吧！我鴉了心中暗道：不好！我不坐醉死嗎，忽然，感覺異樣了，頭重，脚輕，心臟跳動，兩耳發熱我量倒了，接着什麼也沒有感覺了。

直到午後五時，太陽巳過西北，月亮也在東山上出現的時候，部隊開拔，檔檔行進，我才慢慢伏的解開額上的檔子中，起來，跟着飄跋的走着，凹背望蜜檔渠畫蕭的吐出來的東西，才明白今天劑能了過一次從未到過的醉鄉。

【17】A.6 丰子恺. 教师日记 ［J］. 宇宙风（乙刊），1939，（18）：767.

過·一個人站起來大喊一聲「開動」。於是大家默默地吃飯。默默地吃，容易吃飽。我吃了一碗牛就能。下午在王惆二兄的房間中休息閒談。二時四十分，爲簡師補國文課。上次講我的「我爲學的苦學經驗」。其主目的是使他們智聽我的口音。至於自白我爲學的經驗，勉勵他們爲學，却是副目的。因爲我未語他們的性格，不在少數。料想廣西青年中犯此毛病者必有其人，故提倡Essay以調濟之。魯迅先生評筆太過謹嚴，記得以「人生於世」開篇的卷子爲我曾閱入學試驗的國文卷子，有幾處離怪學生看不懂。下次當降低標倘不能决定教學的方針。今天我敎他們讀廚川白村的Essay。因準。

四時返家，牛棚地巴由工人做平，漏倘未修。明日無課，原定赴桂林。自覺疲勞，派歙歙代去。

十一月二日（星期三）

敕歙早晨乘車赴桂林。今日我無課，在家休息。午餐飲茅苦酒，味甚美。此酒乃吳敬生送馬先生，馬先生送王星賢，王星賢送我的。王星賢送我時說，不吃不妨轉送他人，但勿送吳敬生。恐吳敬生亦是受別人送的，還是由我把牠吃了，使他免於輪我迴。

十一月三日（星期四）

下午同林仙到圩上，買甘竹及餅。餅七錄十個，味可抵劣等餅干。

今天下午三點鐘，三班同學會聯開成立大會，由學生召集各師長參加。我上午十一時十分下課後，不得返家，須等三點鐘參加集會。住家離校太遠，畢竟不方便。在校午膳後，無事，躺在彬然牀中看牡丹亭。聽見門外有人喊「報告」。開門一看，原來是一個學生要進來向惆先生（他的導師）請假。他一進門，即向惆鞠躬。鞠躬時頭仍垂直，眼看地面。其身體成三曲形，好像某種機械的一部分。我聽了看了，覺得要笑。我私下學學他的鞠躬，覺得很吃力。這套勢很難看！好禮貌，受過軍訓的學生，想學會了的。原來這種鞠躬是軍隊裏的去後，我私下學學他的鞠躬，覺得很吃力。這套勢很難看！好像是某種動物所有的。

三點牛才開會，還是校長在院子裏喊攏來的。行禮如儀的時侯，我才想起今天恐要講話，悔不在看牡丹亭時準備一下。於是在靜默三分鐘（其實忍不到一分鐘）中思索一下，決定了講話的大意。誰知校長第一個上台，所講的和我所要講的大部分相同。我只得另找話材。校長講畢，我就被拉上台。沒有充分準備，短短的講了這樣的一番話：

「今天你們三班同學會，聯合起來開成立大會，我就拿你們這地方所常常聽見的一句話來送你們。這句話就是「三位一體」。你們雖然分爲三個級會，但這是爲了辦事手續上的方便而分。實際上，你們這三班人還是一體的，大家是桂師第一届的學生。既是三位一體，你們必須排除「我們」「你們」「他們」的意見，萬萬不可固執小團體的。你們人界限而互相摩擦。一切團體事業的失敗，皆由於此。你們人

【21】A.7 赵冈. 近代成都两诗家 ［J］. 宇宙风（乙刊），1940，（35）：11.

變，顧君亦有批評。儕輩俱見尺牘中。如謂「大同六君子者，亦相見，恍其閉門遺事，出門不造能合轍也。」他雖與韻嗣同相交，彼此的政見却不合。辛亥以後，他遂侍親歸隱故里。

在顧君的詩集中，有王闓運粱鼎芬趙鼎順陳三立陳石遺鄭叔進陳曾壽程子大諸人的題辭，從這些題辭中，亦可見得各家對於顧氏的批評。

× × ×

林丈名思進，字山腴，別號清寂翁，原寓長汀，後始選居成都。早年泛覽經籍，著有經學通論，其後以從顧君印愚游，始致力於詞章書法。有文學史略，清寂堂詩，正續兩集，吳遊集，清寂文甲乙錄二卷，及華陽人物志數十卷，汪丈辟疆謂先生的詩「特能芟宵刳山刳水之青秀」。實則先生的詩，不僅藝術之工淵博，其體性亦高雅遒上。此固由於作者學術識見之超於人。如雪中送茅台酒與黃賓虹詩云：

蜀雪頻年特地寒，梅花爭放竹垂竿，一廬池館雖荒穢，留與高人作畫看。莫笑貧家無舊酷，茅台新到送君開。飽餘漫勸南歸興，且自憑欄糊一杯。

像這種蕭灑脫落的興致，輕鬆素紋的筆調。見之似易，學之絕難。非有一斗之才，五十年的功力。必不能達此境地，如寄書屛風流好事如个少，我愛丹林似衍東。每乞新詩寫熱扇，不如逐月有郵筒。

華陽版籍人蔣老，益部耆賢詩未工。豪翰待讎

緊編檢，為予試報散原翁。

又追憶雜題詩云：

褪色春衫削素腰，五文絲履手親挑。蠙園夜雪梅花影，夢斷江南舊板橋。

又殷孟倫新婚題詩為贈曰：

衣拂江南塵，平生殷孟倫。天桃之子歲，瓊樹少年人。粉盒通仙籍，紅鸞迓早春。試迴元夕詠，學賦玉臺新。

先生詩崇老杜，然詩學李杜，猶詞之宗蘇辛，非聰敏絕倫，學力深厚，斷不能畢肯，且不免有畫虎不成反類狗之譏，而先生的詩，則真得老杜之骨髓了。如巴渝舞曰：

四坐且勿喧，聽我彈琵琶。琵琶何處聲，巴渝舊狹科。借問誰主人，云是新建牙，平生好昵友，葺豬歡愛瑕。主人來何時，楊柳可藏鴉。君作解垢家，君家即我家，鳥鳥象喙車。立更專狃夜，還卒不敢進。借問誰主人，自向鄰姬誇。莫言一盜魁，但見雙蝦蟆。蝦蟆鬧目努，軍前要歌舞。我是巴渝人，會打巴渝鼓。

先生詩中常喜用俚俗的事語，為前人所未道之辭句，又以新穎之意參入。取材雖於庸俗，却又不似元白之面目。所以雖有俗語俗事，而其意黃韓杜之風骨，而飾以元白之面目。筆力的雄壯，氣勢的矯健，並不因是而晦弱。

三十年來西蜀軍閥內閧，達四百四十七次之多，人民生活，幾無一日寧靜。先生處此亂時，不免悲憤之激。其長一千二百六十五字的成都十月兵亂詩（載字宙風三期），曾家傳戶誦，極一時

57

【24】A. 8 文宗山. 妙峰山 [J]. 万象，1941，1（5）：29.

· 29 ·

司機阿祥坐在茶棚做屋的另一桌，天生他一個高大的身子，同時代表了他粗豪的個性和適宜他的工作。十個司機九個是這樣的，賺的錢多而用得也快，阿群從口袋裏摸出一瓶茅台酒，半袋花生，兩個罐頭食物。龍老頭子照例冲好一杯司機自己帶來的上好茶葉的茶。

「老問！你聽到外面有新聞沒有？」阿祥的進來把屋子裏變成更熱鬧，也把話頭掉到另一個方向。

「新聞？是不是明天通車？」龍老頭子是拾取剛才郭士宏打聽得來的消息。

「不是這個，我說的是他們捉到一個土匪。」

「不是本地的，是從龍王廟那邊捉來，用汽車押到這兒，聽說是妙峰山王老虎的部下。」

他們聽見土匪兩字都有些吃驚，尤其是郭太太。華華呢，却又像給她帶來一個興趣似的，但龍老頭子卻聲辯這兒從來沒有出過土匪。

門外走進公安局長和幾個衛兵，打斷了他們話頭，進來就是找老闆要一間房子，說今晚有一個客人要住。龍老頭子無法應付，因為這幾天公路被炸後，買賣的確十分興盛。現在公安局長要房間可把他難住了，祗好介紹公安局長直接與客人商量，但郭士宏是聽太太的話，而郭太太的脾氣誰都可以斷定她不會答應這件事。

公安局長說明是件公事，要押個土匪到省城，暫時在這兒留宿一宵。華華知道這土匪就是剛才阿祥講的那個土匪，便毫不遲疑的願意把那輛自己住的小汽車讓給土匪，但她給公安局長一個條件，就是要看看土匪究竟是什麼樣子，理由是小時候他外公是土匪，她很歡喜土匪。但，郭太太聲明汽車是她的，不允許出借，同時她又不願意和土匪同住一間屋子裏。最後，局長命令龍老頭子把做屋裹兩張桌子拼給那個押來的人睡。假使郭太太再不願意的話，那麼就把她的屋子讓出來。

公安局長走後，阿祥的談話又開始了。他講起王老虎的勇敢，殺了五百個仇人，在老虎口一仗打得仇……

「他們把他關在汽車裏，明天便得解省城，到了省城，聽說就把他鎗斃。」阿祥很同情地。

「王老虎替我們打仗，他不是土匪，是一個好國民。」華華早就知道王老虎是一個英雄。

「小姐，不是這樣說。」阿祥很明白：「軍隊裏事情很難說，打仗時候來得凶狠，做起事來却有時很糊塗。難保不是碰到個糊塗像伙……」

「我想不會的，如果一個人替我們打仗，我們把他鎗斃，還不是幫了別人的忙？」

【38】A.12 陈诒先. 吃酒 ［J］. 风雨谈，1943，（7）：134.

— 吃　　酒 —　　　　（134）

千里。輕颺機雲鹽雨頭。

天懷後約散客堂。心喜故人俱曾詞。微醺何妨鬠菜醉。妙惠尤宜時一中。杜醇顏纓形自累。叔明瘦臞養曾工吉交。臞語徒工。伯彊體肥君任病後養曾工吉交。待呼逸集題兩服。立之常在山中來壽菜山八十翁。歙原老人八十三。

有一年，馮蒿叟游杭，住在西湖蔣蓀齋莊中，予貽之吃飯，能舉出其酒之名。中國黃酒，以紹興為最好，盡鑑湖之水，與別處不同，以之釀酒，他處水皆不如。聞善飲之人，能入口即知為紹興東水所製，或橋西水所製，一飲食之能，而精妙如此。

士忌之酒，主試者特參雜於二十杯之中以試之，彼嘗之兩次，皆能辨出何種牌子，多少年代，歷歷不爽。其中有一杯頗戚戚。約汪頭年吳靜山作陪，（汪為蒿叟門人，吳為蒿叟辦振部下）蒿叟到杭，見予書房門外靠牆酒罈，屑壘而上，室之微笑，不作一語。從前在杭吃酒，整罈開飲，現在吃酒，一斤兩斤零沽，真如京戲上說白，思想起來，好不傷悲人也。在杭州吃酒，秋日有菱菱，桂花栗，冬日有陳元昌之揮生，許友皇丈家製之冬燕菜，形如菱藤，低可下酒，又可解酒，天下尤物，皆令人不能忘者也。

六年前，予到長春覲兄，坤艇蓬填已下野，予往拜之，蘇堪言有酒後每每吃粥，鵝菜以乾菌帶鹹味者為勝，予言聞白酒以貴州之茅台酒為第一，恨未得嘗之。盦堪言有人送我兩甕，尚存一瓶，即命人取出，黑瓦瓶，上下如一，真茅台酒也。同席八人，每人斟一小杯，（吃白蘭地之小杯）飲之繞喉香極，由晉而下，慕覺異味。因同席酒量皆不佳，瓶中所餘，主人逐交予包辦，兩之大樂，此平生所飲第一好白酒也。

酒後每每吃粥，鵝菜以乾菌帶鹹味者為勝，紅樓忌上賈母吃野雞圓子湯，言「若是還有生的，再炸上兩塊，鵝湯雞好，就只不對稀飯」。可見稀飯菜菜不同。（酒菜以果子及糟醉品嘗好）今將粥菜，略舉數味於後：油吞果肉，乳腐，油鹽瓜，醬擂瓜，鹹魚，鹹鴨腿，銀醬，醬醢，肉鬆，鹹蛋等物，此條羅溢出談酒之外，然酒後一碗粥，如吃得不好，則所吃之酒，亦必美中不足也。

廿六年戰事發生，安適詛寒，好酒不能來，在此數年，改吃白酒，白酒亦無好欲吃碧梧軒華園金瑞興酒，亦不可得，倘可吃，但每瓶已自一元擡者，廣西路利川來桃牌四川大麴，至數十元。兩年前，鳥梅泉造江北洋河大麴一瓶，斟在杯中，

【41】A.14 申吉. 忆雨词并序 [J]. 万象，1944，3（11）：173.

· 173 ·

遙想巴山今夜雨，故交遠隔愴餘生。
自戊寅至辛巳，客重慶市與巴縣時爲多，今臘
詠之侶，久疏書間，時復念之。

廻水樓頭聽雨時，聯牀把醆漫談詩，
茅台名酒花生米，醉過春宵百不知。
寅重慶瀕水溝樓上，一日雨夜，貴州友人，偶
得眞正茅台酒，相與小酌，戲曰：『有以茅台酒花
生米犬詩者乎？』回憶前音，爲作絕句。

千山西望白雲低，斷句縈懷想舊題；
好景不慚煙雨堡，嘉名空豔海棠溪。
重慶兩岸有煙雨堡海棠溪，余時往遊之，末二
句乃舊作。

萬壑千巖意愈頑，不辭垂老願躋攀，
試裁束絹憑誰畫？風雨征車大散關。
已卯過大散關，遇大風雨，衣履盡濕，自是一
段奇景，大可入畫。

依稀猶認舊郊坰，北去平涼草色青，
雨霽崆峒秋水漲，亂流齧石涉清溪。
舊於平涼遇雨，南嶺往遊崆峒，溯河上源，水
勢湍急，舊叢過之。

人言霖雨逐行旌，難得塞垣聽雨聲，
未死人生誰得料，何當布澤及蒼生。
已卯秋初抵甯夏即大雨，或言雨隨人來，其年
舊春間小雨，此尚再見。

記向陳倉望晚晴，蕭蕭秋雨泥人行，
山蛟更敗連雲棧，誤我歸期十日程。
庚辰南邁，阻雨寶雞，會山洪暴發，毀西北公
路之一段，此段爲古連雲棧故道，留滯十日，始得
通車。

未忘六月西安暑，誰料山頭擁絮看。
峭壁猶存棧道瘢，霏微細雨漸高寒，
暑月車過秦嶺，石壁間猶見昔日棧道支木之榦
釁痕，將及嶺，雨益大，寒金重，須擁絮被。

【207】A.15 晚青楼主. 谢春煦丈自黔寄惠茅酒 ［N］. 海滨，1948，（复刊第 1 期）：2.

詩錄

二

寄慵石丈

本性侶麋鹿。何意跨蒼狗。世亂隱伴狂。捉襟時見肘。赤足拖狐裘。此趣笑誰有。
萬方聳一嘆。到此忘陽九。所炙花豬肉。無食使人瘦。行歌犖鹽肩。歸路逐牛後。
長嘯叫孫登。客夢落林藪。

晚青樓主

戊子歲首感興

先生日日抱醒醐。萬古詩名屬酒徒。道遠常難數字至。春生得見一陽無。
今何世。擘柝鄰雞曉自呼。甚欲因公問消息。故鄉恐見鬼盈車。
況值時艱歲且荒。蝸居兔走兩彷徨。欲從更始春無計。若事流連鬢已蒼。大地難容
寒士隱。諸天誰為眾生忙。合將心力拋何處。却羨詩狂並酒狂。

前人

謝春煦丈自黔寄惠茅酒

萬里關心重賴茅。入山泉水見醉醪。但留齒頰芬芳在。一別何曾志寶刀。

前人

題藏修樓詩集

櫻歌梅雨入行吟。壯志未因兩鬢侵。七十年來情摯處。天倫肯讓白湖深。

前人

第二节　茅台酒新闻时评原文

【1】B.1 仪. 茅苔（台）酒变西成酒［J］. 黔首，1928，（10）：10.

黔　首　第　十　號

一〇

不着，飢腸轆轆沒氣力上堂，但又恐大主席以「赤化論罪」，不敢罷敎。因此，必待

上課鐘敲了半小時之後，才慢拖拖的上去敷衍兩句。所以叫做「拖牢堂」！

我真佩服我們貴省的花樣繁多：大主席要「復古」的「郊天祭地」，「拜城隍」的「開

倒車」。窮敎員又會囚肚子餓了「拖牢堂」。

「開倒車」，「拖牢堂」，真是各極其妙！

（梅）

茅苔酒變西成酒

聽得人說：茅苔酒已由周氏接辦，並且還有壟斷生產的計劃，其專利盡歸於周

，不料幸福的我，蒙周主席的某代表餽贈數瓶。同時某代表說：此酒勝過已前的，

我想好呵！鄙人雖不好酒貪杯，到他要嘗嘗茅苔酒變西成酒的滋味。（儀）

專載

四十三軍討唐作戰之經過

查我四十三軍李軍長所部，多係黔中子弟，素以勇敢善戰見稱。雖接濟困難，

伙餉時告缺乏，而李軍長訓育有方，常以大義相勖勉；故全軍將士三萬餘衆，率能

【6】B.2 万松. 闲话茅台酒 ［J］. 国闻周报，1935，12（22）：8.

閒話茅台酒

萬　松

茅台酒者，出產於貴州仁懷之茅台村，以華姓所釀者為最佳，王姓次之。酒以高粱釀造，因茅台村附近高粱產量不豐，故酒不能多釀。而茅台村之水，其清冽不亞於故都之玉泉，西湖之龍井也。

酒初不名於世，故記載黔中風土之書如田雯之黔書頻均不載。當清咸同間，黔亂起，華姓酒窖存酒數千萬斤，為時已念載矣。滇黔大吏捆載京師，饋送達官貴人，茅酒之名，遂爾咸知炙。窖中既存數十年之陳酒，飲之味益清冽，酒性益醇炙。風聲所播，於是所措手，因憶及酒窖，乃劚土揭蓋，臨行將酒露封開，上牲以士。及飢平，主人歸，重理舊業，覺將百年來陳酒取盡，良可慨嘆。

故近年酒味既辣且烈，遠非昔比，然在京滬間盤踞村中者三次，不知華家酒窖受其踐蹂蹜否？半月餘，日惟飲酒為樂，數百瓶，同行同止者旬日，經茅台村者三次，不知華家酒窖受其踐蹂否？年來朱毛共匪由頻竄黔，猶售七八元，其價之昂，幾與香檳威士忌并觀齊炙。故其性醇而冽，無異味，香氣芬然，釀時不兌藥品，每屆新釀之際，秖略邊免面。當清咸同間，黔亂起，華姓酒窖存酒數千萬斤...

憶父老傳說，黔中某士子赴京師應試，家素封，從行囊充裕，謂某年老赴趕者為大盜，即圖君之人也。後至一地，店家見某士子，嘆息不已，某不悉何故，因叩詢之，店主語其故，謂某年老赴趕者為大盜，即圖君之人也。士子就思無策，惟自嘆運命而已，忽聞大聲怒罵，因開危乎，君知養中銀錠幾何，我本今夜下手，見君憒憒腼腆，不忍殺君於死地，君可行矣，并保君直赴京師無阻。

主人欲避地，苦不能悉藏以俱，芬香四溢，飲之味益清冽。及飢平，主人歸，重理舊業，覺將百年來陳酒取盡，良可慨嘆。故近年酒味既辣且烈，遠非昔比，然在京滬間每瓶（約重一斤）猶售七八元，其價之昂，幾與香檳威士忌并觀齊炙。年來朱毛共匪由頻竄黔，所措手，因憶及酒窖，乃劚土揭蓋。民國十年間，茅台村復被匪禍，數百賊匪盤踞村中者半月餘，日惟飲酒為樂，同行同止者旬日，不知華家酒窖受其踐蹂否？

覺將百年來陳酒取盡，良可慨嘆。見某士子，嘆息不已，某不悉何故，機可乘，惟自嘆運命而已，悉出所攜茅酒罌之，某初一飲，拍案叫絕，狂喜不已，飲盡，語士子曰：「君知危乎，君知養中銀錠幾何，我本今夜下手，見君憒憒腼腆，不忍殺君於死地，君可行矣，并保君直赴京師無阻。」士子乃因茅酒而脫險，此一科舉時代之佳話也。因并誌之。

國聞週報　第十二卷　第二十二期　「不景氣」的展進

我們社會的經濟政治等等，都是關連的。不景氣的展進，確是覺著環境的不良，與危機的四伏。一方面我們希望將來，如果不幸發生了上述的結果。在這恐慌過程中，其影響能否及於經濟外之他方面，便不可知。我們前此已經聲明，金證明，這一切都是幻想。而另一方面，我們更希望，負責和有關的人，對之有一種準備。融與貨幣恐慌，並不是「不景氣」所必然的過程。不過我們

八

【7】B.3 元龙. 酒之品级 云南 "茅台"首屈一指 [N]. 铁报，1937 年 1 月 12 日第 4 版.

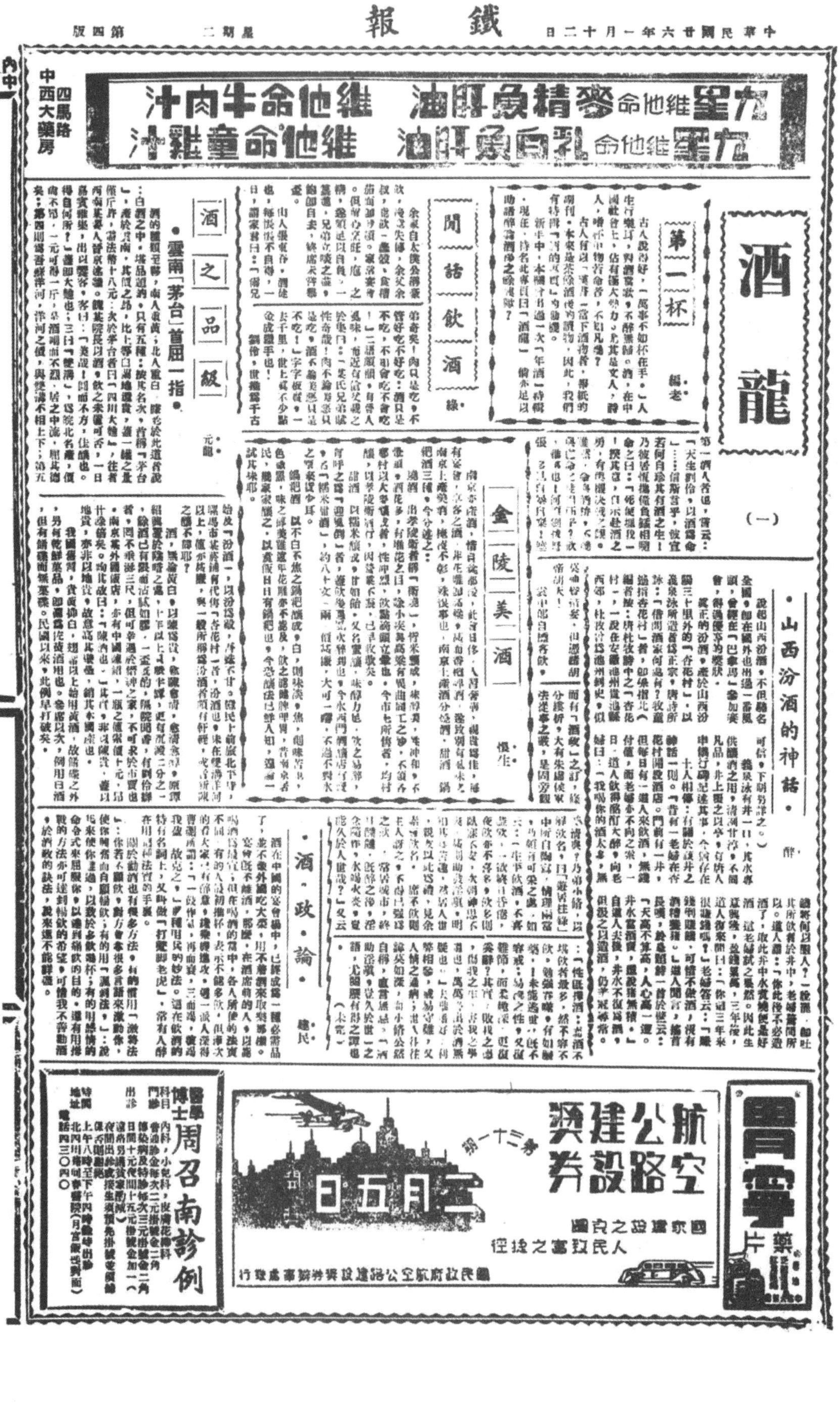

铁 报

中华民国廿六年一月十二日　星期二　第四版

酒 龍

第一杯

编者

（一）

・山西汾酒的神话・

・云南「茅台」首屈一指・

元龙

酒之品级

闲话饮酒

缘・

金陵美酒

慢生

酒政论

建民

・周召南诊例

医学博士

門診　出診　特約

【10】B.4 蔗. 贵州名产　国产酒品中之最贵者［N］. 铁报，1937－6－13（4）.

【11】B.5 酒丐. 商品溯源　醉人毋忘了贵州的茅台酒［J］. 商业新闻，1938，1（1）：12.

第　一　期　　　　　商　业　新　闻　　　　　（12）

醉人毋忘了贵州的茅台酒　　酒丐

黔中风土书中未曾载入此项美酒
乱离归来酒姓酒窖主人方始发见

商品溯源

茅台酒者，出产于贵州仁怀之播，于是滇黔大吏，捆载京师，镇，他家所酿者不及也。

之际，只略潏兑而已，故其味不变，惟饮酒为乐，竟将百年来陈酒饮盡。

民国十年间，茅台村复被匪祸，数百赋匪盘居村中者半月馀，日

茅台村，以华姓所酿为最佳，王姓次之。酒以高粱酿造，因茅台村附近高粱产量不丰，故酒不能多酿。酒窖为一大地窖，面积佔数十方丈，酿时不兑药品，故其性醇而冽，无异味，香气芬然。而茅台村之水，其清冽不亚于故郡之玉泉，西湖之虎跑也。

酒初不名于世，故记载中未名于世，如田山蘿（变）之黔书题均不载。清当咸丰同治之间，黔中乱起，主华姓酒窖存酒数千万斤，主人欲避地，苦不能悉载以俱去。及乱平，为时已念载矣。临时将酒窖封闭，上垫以土。主人归，重理旧窖，乱后之酒，去商业上的标语和口号。

（二）金衢区每家至少三千元，至於产制货款及押款等事，由上海洋庄茶业公会组织银团办理。两、货款数目，字绍台区定为一百万元，金衢温州两区各定为十万元。凡经登记而合格领得许可证者，方能享此贷款之权利。以上均为国难期间，茶商发展营业之新方针，统筹发算，一番苦辛。我人於品茗时，应知道茶之来源，与茶商之苦痛情形也。

标语与口号

呐喊

「标语」与「口号」，为争战中的一种利器，鼓动人心的一件推动机，所以战前战后，都有标语高张的必要。

商业场也有战争，所谓商战者，即是，商战也得利用标语和口号。像「货真价实」「童叟无欺」「百年老店」「祇此一家」，这都是过去商业上的标语和口号。

昨日我在河南路中华书画市场裹，那标语是：「此地有韩文杜诗」「味胜似半肉白菜西瓜」，比较上有意思。

味益清冽，芬香四溢。盖经数十年之蕴藏，酒性益醇美。风韵所副土揭盖，重理旧窖，乱后之酒……

【11】B.5 酒丐. 商品溯源　醉人毋忘了贵州的茅台酒［J］. 商业新闻，1938，1（1）：13.

（13）＝＝＝商業新聞＝＝＝第一卷

上海梨園業的興替史（一）

·龍套·

引子

梨園業的興替，對於各種商業的興替是有連帶關係的。所以三十餘年前，要興南市的商業，十六鋪起新垃圾橋下的更新舞台，邀西曹家渡的奧飛姆戲院，那個不是為振興市面而偏解有折扣橋和大境路之間，建築環城馬路的計畫，實施以後，荒涼不堪的九畝地，那享平書姚君們有折扣城牆，要把它振興起來。於是有開明公司的組織，十六鋪下的新舞台試搬到北方面，香煙橋下的翔舞台，正是浩似江湖，多如江鯽，不把記述起來，將來消失湮沒，非常可惜的。現在就龍套君，把數十年來梨園戲院裏的所開，編成一篇有系統的紀述，名為「上海梨園業的興替史」。就中以戲院的興亡為經，以伶人的軼事為緯，錯織而成，倘使有遺漏之處，仍在此間補入，俾成一篇完全的梨園信史。

編者謹識

最不想百餘年前的一塊荒港漁村，百餘年後已成為遠東第一商港了。樓高過雲，車走雷奔，那種繁華過奢固然比不上世界各國的都市，但把中華民國所有的都市，作個平衡比較，上海地方委實當稱冠全國了。滄海桑田，變連斷眼，前代景物，盡付香沙，試世人悟透這個玄理的，委實少得可得勸。幸而自幼兒讀曲本，識得西

種大自然的幽静風物，荒邻潮聲，那僻，熙熙攘攘，擾攘不休。他不必問當年的荒港漁火，再也找尋不着。滬瀆十里，淞水一泓，悉歎着跑龍套的勾當，振旗吶喊，忙了一整天整晚，不過換到幾個富寫頭，幾條老鹽薑，苦挨着衰死不得，那不能的生活。流光負我，情事來登場。龍套在垂暮的時候，親眼目見一個唱女的，肌黑如漆，頭上梳着一條鬆鬆的髮

男女老少誰不在名利戰場上做搖旗吶喊，即使一二個人名成利就，求生不能的生活。流光負我，海又何益親眼目見一個唱女的，肌黑如漆，曾經滿面麻點，頭上梳着一條鬆鬆的髮料，領前留着蓬鬆的鬢鬈，一手拈着髮料的流蘇，手執着粉紅的手帕

上海的地方戲

上海的地方戲，祇有一種「東鄉調」。東鄉調就是「秧歌」調，一般農民在分秧插苗的時候，信口而唱，伸舒辛勞。戲中的主體人物總是一男一女，兩性間不是調情而唱，就是一名「鸚哥戲」戲中人同鸚哥樣的一對一。所以一名「鸚哥戲」東鄉調在前清時代，懸為屬禁，祇有窮鄉僻巷之間被人逸去演唱，並隨身衣服，結絕對不許唱的，被人逸去演唱，並不搭台，也不化裝，隨身衣服，結

【13】B.6 佗陵. 也谈"文章下乡"[J]. 抗到底，1938，(16)：3.

看，對地圖有真的興趣，祇可惜沒有人給講解：畫一條蛇，騙住一隻象，儘管標明題目，擠回的紙是一句："嚇！瞧這條老長蟲！"

講演和話劇到不一定等於看一場打架，但終究是一哄而散，不會留下甚麼。

這些文章也取得一種共同的反應，那就是"他們的"，所謂"他們"也者，包括竊那與學生而言。

至於"書紙店"裏"潤海子評"勞邊攤着的三十二開報紙本鉛印的抗戰小叢書之類，則更其是"他們"的了。

醫上貼的報紙並不是"他們"的，因爲它"實際"而有聯繫性，鄉民們也不用文藝的方式來"鑑賞"它們，主要是有些地方新聞其性質與告示寬單有密切的關係。

違之外，還有一種鄉民樂於接受而效果極微的"文章"，那就是囁貼書。假使沒有那一間鋪面的"義道所"的話，只不過口遞些囑書戶牌樣的紙料。

假如我們畫一個三角形，股弦間是三十度角，勾弦間是六十度角。再以直角的頂爲圓心，畫一相當小的圓圈。那末，鄰民，告示，和新聞紙就局在這小圓圈內，作爲"文藝的鑑賞"的舊文章就在股的一邊取垂直線的形式活動着，而屬於"他們"的新文章是在勾邊的線上游離，弦邊對於兩個非直角內又有着抵銷的作用。

文章下鄉的目的是在"喚起民衆"，若要於"最短期間"，"俾其實現"，則"必須"設法縮短勾邊的距離，把它容納於圓周之中。同時也使圓周擴大。

勝"一變爲大殺鞋子曲或弔詞開篇，競會被由勾邊移到股邊，與孟姜女，祀英台遭遇到同樣的"鑑賞"。

前方民衆正在忙着組織，訓練，或預備着逃難和等候屠殺，沒有工夫"喝酒"；後方民衆又在遠遠的嗅着不很高興拿瓶子，這些"原封"的白圓地就只好攔在不需要喝酒的人家華麗的客廳裏，或是酒鋪的架子上聽着。

爲了加強抗戰實力，和避免白糟蹋踢紙墨印刷，下鄉文章至少要顧及下面的幾點：

第一，要切合鄉民的需要。鄉民的"求知慾"並不少於都市的知識分子，但以與他們實際遭遇有關爲限，遠了就了解不來。小三子的哥哥被抽了壯了，他們說"被閣人捉去了"，人了仇他們說"被閣起來"。參加作交通或防禦工事的民夫，只知道是給工程隊大隊長做事，而又懷疑着"爲啥要做這事"？這很需要一些說明的文章了，但所得到的卻是"飛將軍閣海文"，這就使他們摸不着頭腦。報紙貼在醫上，鄉民們用手指頭指着一個字一個字的往下念，那情狀使人感動得要掉下眼淚；但他到了兒也不知道黃梅六安在哪兒。這就減少了效力。內地鄉民的地理觀念和都市知識分子根本不同，遼實是"抗戰必勝，建國必成"，幾條空洞的口號。所以，應合實際的需要而靈活運用的下鄉文章是很有效的，否則不免白費。

第二，要有濃厚的地方色彩。"藥賣兔門"，百病都治的靈丹大概是甚麼病也不能治。下鄉的文章寫了傳播廣遠，往往是最些概括而普遍的話，這就減少了效力，內地鄉民的地理觀念和都市知識分子根本不同，遼實，在西南各省鄉民看起來真比天遠遠。這就在羅各省各縣的子能在"播着礁處"的地方供給一點實際的材料，通俗文藝家根據這材料，可舊瓶裝新酒的理論是很切實的，但真正杏花村的汾酒未必合貴州人的口味，而老茅台在紹興人喝起來也不一定勝過花雕。尤其是，"台兒莊大作些小區域性而能激動的文章。譬如說對雲南舊的鄉民宣傳究竟如何可

【16】B.7 园. 酒中之王黔省名产：茅台酒［N］. 力报，1939－7－14（2）.

【20】B.8 镜清. 茅台酒 [J]. 中报周刊，1940，（30）：22.

中報週刊　第三十期　　　　22

掘切駐義大使

慶玩藝，而谷正之則小曲短唄無一不通，喝起酒來，他就和谷說：「咱不會唱，過來跟咱捧兩角！」由這一點，可知建川為何樣人物了。

堀切是日本代議士，這次由於全政界的推崇而任命駐義大使了。他是一個忠厚的人物，美國哈佛大學卒業，專攻經濟。後來又留學德英兩國，曾任慶應大學教授，是十足學者型的政治家。三十歲時便在福島縣做代議士，以後歷任農商務參與官，眾議院議長，大藏省政務次官。在眾議院以財政通著名，和二二六事變時犧牲的高橋是清藏相，關係很深。

齋藤組閣時，曾請他作文部大臣，但他却拒絕了。說「我為了幫忙高橋先生才做政務次官，所以我不能辭去大藏政務次官而做文部大臣的！」這話是對那個說的呢？是對他正做內閣書記官長的弟弟鱉次郎說的。由他的話，可知他絕不是汲汲於名利了。他在上次落選，毫不悲觀，但後

今年五十九歲了，他的房間裏，洋書擺得難以插足，足見是無書不讀的學者。

至於建川堀內兩大使是否適任做駐俄義的外交官，那就要看他們將來的手腕如何再批評了。

◇
◇
◇

但目下日本國民對這兩個老練的政治家，彷彿是非常信任，而且在加強日義關係和調整日俄國交的時候，派出這兩個老頭子到義大利和蘇俄，一定是考慮而又考慮，然後才決定的吧。松岡外相也絕不是隨便賣從的，而且

茅台酒　　　鏡清

凡到過貴陽的人，大概都嘗過茅台酒的味兒，確是酒類之佳品。

茅台酒的氣質，真是芬芳濃郁，假如手持一杯，真能滿室生香，縱不善飲，當亦為之陶醉，凡略有嗜好者，那更無論矣。所以茅台酒是貴州仁懷縣的一個村落，「茅台」就是這鄉村的出品。據說該村人民向善釀酒，在元明時代已有頂品之「燒香酒」著名，後來在清期咸豐年間，貴州遭兵災，苗亂，囘變等戰禍，仁懷，遵義，等縣均遭波及，酒遂停釀，當時茅台酒師，將釀酒之精料及存酒，覆以泥土，然後離村逃難。距斜兵災歷二十餘年，等到太平，發掘埋藏，拆理酒盎，那深埋黃土中的多年老醩，寬蘇香撲鼻，以此為釀，遂成佳醩。最近在貴陽出售者，亦有贋品出現，其色香味都還不如真品。

金縷曲　　　家士

綠遍池塘草。又東風平蕪懷
人遺句也。雙眼樓主用
為金縷曲首句。章和元
韻。●並呈重行先生正拍
絲蕭歌殘稿。欲寫頻年征戰
唱樵歌殘稿。倔亂憂生無
斷。雁聲都渺。
窮恨，攜醫何人能道。膝邊
苦。但低囘九曲愁腸繞。看
白髮。添多少。　靈犀一點
怎生能了。惆悵滄桑悲涼感
。落日棧鴉遜弔。且收拾殘
殘資料。別有精湛孤往意。
待承平盡把烟氛掃。先憂患
。後歡笑。

【25】B.10 佚名．茅台［J］．农放月报，1941，3（9）：22．

生活与工作

君至此，方喜形於色，又是一番拍案驚濤。

茅台

同人某君，蘇產，調黔後，曾在黔東某處工作，年少無偶，風度優閑，浮與黔東某縣小姐結婚，後偕來貴陽。某夫人身段矮胖，頸項亦短，可謂貴州之標準小姐。（按貴州小姐多半矮胖而短頸項，頗類茅台酒瓶）故同人贈以茅台雅號。每於工作之餘，均嫡內某謔曰，今日曾飲茅台否。最近黔省禁酒，肆上陳者多為空瓶，想某夫人定早已儲藏無量。（按某君最近派為某庫會計）

賠錢的縣長

（記同事某君（S）与某縣長（C）談話）

S、縣長的官職，在[illegible]的地方，不容易當吧？

C. 是嘛！真的困難，兵役，征工，各種建設，貴州更難，經費第一發生問題，錢粮又没有！

S、你在貴縣這一任如何？

C. 不要提起，我做了一年半的縣長，就賠了六千塊！

S、那你不是賠了本去當縣長嗎？你真是美國爵士外交官的風度，賠得起！

C. 話也不是這麼說，錢粮能收有二成的好處，禁煙禁賭，收集[illegible]和兵役的罰款，也還有點收入，大約總算起來，尚還盈餘。

請各同人源源賜稿！

22

【26】B.11 佚名. 禁止酿酒［N］. The North-China Daily News，1941-8-22（9）.

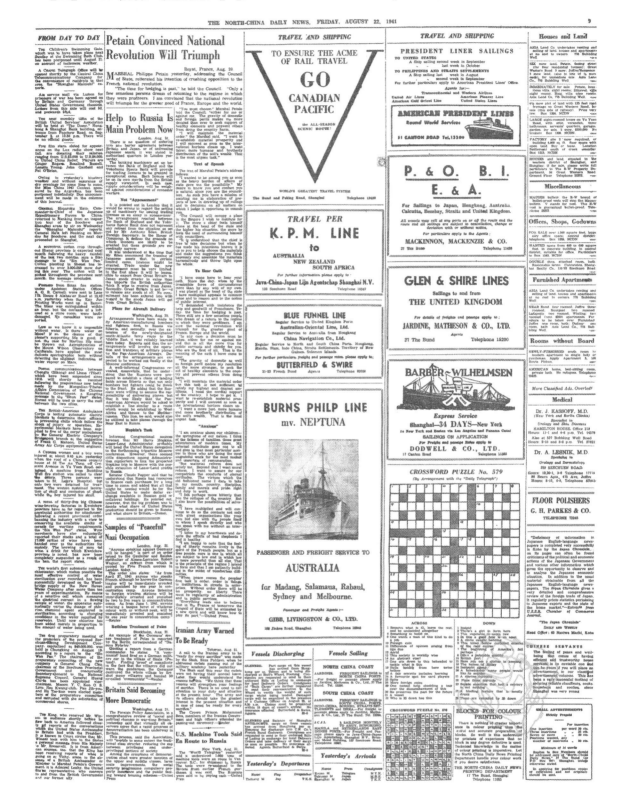

【43】B. 15 南. 山城贵阳风光　老鼠多猫的身价抬高　茅台酒宫保鸡为名贵肴馔 [N]. 中华周报（北京），1945，2（13）：11.

【48】B.17 仲朴. 工商特写 茅台酒与文通书局 [J]. 金融汇报，1946，(19)：12.

金融匯報

工商特寫

茅台酒與文通書局

仲樸

不久以前，文通書局主人華問渠氏，來長一作勾留之後，並曾招待過一次新聞界，各報付子報導，社會人仕，根若也有很多認識了這個文化事業人，同時抗戰期間，許許多多的人，都因爲工作或避難，到過貴州，或住貴州很久，知道此君的，當然更很多，可是華氏的聲名的傳播，與其說是富甲貴州的地位，或者獨營文通書局以及造紙廠，和有規模的印刷廠事業的成就，倒不如說是因爲「茅台酒」的馳譽來得響得多。此次華氏行後，本市即申爲「茅台酒」的發育，打破以往任何時候的贓賣機會，許多有「杜康癖」者，自然名禁心醉往之。蓋茅台酒之成名，原爲華氏祖傳之祕，一百五十餘年甲之。產量一向有限得很，直封抗戰期中，才稍提高，但年產還不過二三萬斤而已，以前凡屬外流的「茅台」，均係西南道上行人之饋贈，誠不上貿易情事，縱或有之，也不過副牌而巳。真正的華氏茅台，的的確確只有此次才與長市的商場，正式發生關係，筆者寫此，不是替華氏來宣傳「茅台」，而是藉此引出茅台酒與文通書局的關係。

文通書局，設在貴陽，已有三十餘年歷史，爲華家所獨力創營，成立之初，即籌備舉辦造紙廠，印刷廠，所有機件與啫酒並重，華氏之成功，與「文通」「茅台」而並傳，亦（在民國初年時期的新型機件）都由港滬運到貴陽，其意在辦成一個規模完整的文化機構，並獨步西南後方，其事業精神，是很值得欽佩的，以限於地域的閉塞，與兵亂等關係，始終也無彌充的機會，直到抗戰期中，江海區相繼淪陷，該區內之文化事業機構，都破壞和轉徙得焦頭爛額，疲憊不堪，最後一般文化消費者皆到了西南大後方，於是文通書局的地位才比較的提高了。光復之後，教部將國定書籍發行權，交與所謂「七聯」——商務中華世界正中大東，開明，文通。文通之加入「七聯」，也就是他在西南有相當完整的組織系統，過去也有過相當的成績的緣故。僻處一隅的文通書局，現在也居然「懸牌」在全國各大都市之中，而變成全國性的組織了，這個成功，固然不是偶然的，但其間還有個叫光於茅台酒的關係，蓋在抗戰的最後三四年，物價波動太激烈，生產又太缺乏，如他這樣文化事業機關，漸漸的不能維持下去——他的造紙廠，曾經招吸過外股——處處都受着經濟危機的逼迫，在此期中，華氏個人，就幸虧有茅台酒的盈利，以資挹注，使「文通」撐到了無限光明，是「文通」受「茅台」的惠，實任不小。現在「茅台」又隨「文通」而跑到湘漢京滬市場，這更是互受其惠一段事實。李白劉伶文名與啫酒並重，華氏之成功，與「文通」「茅台」而並傳，亦古今之佳話也。

74

【53】B.22 无名. 怀"茅台"——忘我楼随笔之一 ［J］. 日月谭，1946，（22）：27.

－ 27 －

懷「茅台」
—— 忘我樓隨筆之一

●無名●

酒固然是一種麻醉劑，然而我卻酷愛着它。因爲它至少可以使我忘却一時的痛苦，不必顧忌到週圍的環境而儘情地發洩着我胸中的抑鬱；雖然明知道還是極短暫的。可是，不喝酒又有什麽辦法呢？酒喝醉了，大不了人家給你戴上一頂「酒鬼」的帽子罷了。

因此，我就和它結上了朋友。論起交情，也有十多年了，雖然中間也曾一度自動的離開了它，可是沒多久又和它結不解緣了。

我從北方走到南方，又跟隨着抗戰轉到了西南。酒也就由「高粱」而「紹興」，由「紹興」而「茅台」。比較起來「茅台」的味道最醇，勁兒也來得大。初喝還酒，正是我感到極度苦悶的時候，所以不多日子，彼此便成爲莫逆之交了。

勝利意想不到的快，於是我又糊裏糊塗地跟着大家東流，而且來到還自我生出就已失去的土地。這裏雖沒有好酒，但仍然有讓我喝酒的情懷。新交自然是不及舊雨，因此我時常想起了「茅台」，想起了這位患難中的好友，幾時我才可再同這位好友杯酒聯歡呢？想着想着，我不禁覺得頭涔涔的沈重了起來！

（註）茅台酒產貴州省西北角懷仁縣茅台村，味香醇，貴州土產以茅台酒爲第一，共聲名遠在「銀耳」（白木耳）之上。

掛着勝利的餘輝馳騁

象南

擊突隊已完成了最後的戰果，敵軍遁入了鋼筋鐵骨的工事內。

「宮！宮宮！」停在行浦港上的敵艇開始發砲了，幾座小鋼砲也跟着來了響應，一道道逤長的九流彈着弧形，向菁石浦以北左右的卦地瞄過來。烟口照準了大地，時間不許可我們再有週谷的留戀。在敵人海陸炮火的猛烈下，我們的隊伍開始向××轉進，準備對象南來一個普週的反掃蕩。

上午八點鐘，我們的大隊，正馳騁在象南的土地上，勝利的餘輝，掛在同志們的面上，對着鹵獲的槍枝，紅色的戰旗，誰都感到興奮，歡愉！

【57】B.25 柳絮. 茅台酒味 [N]. 诚报，1946－9－30（2）.

【66】B.28 文沙．贵州茅酒　抗战期内，名震中外 ［N］．诚报，1947-1-1（2）．

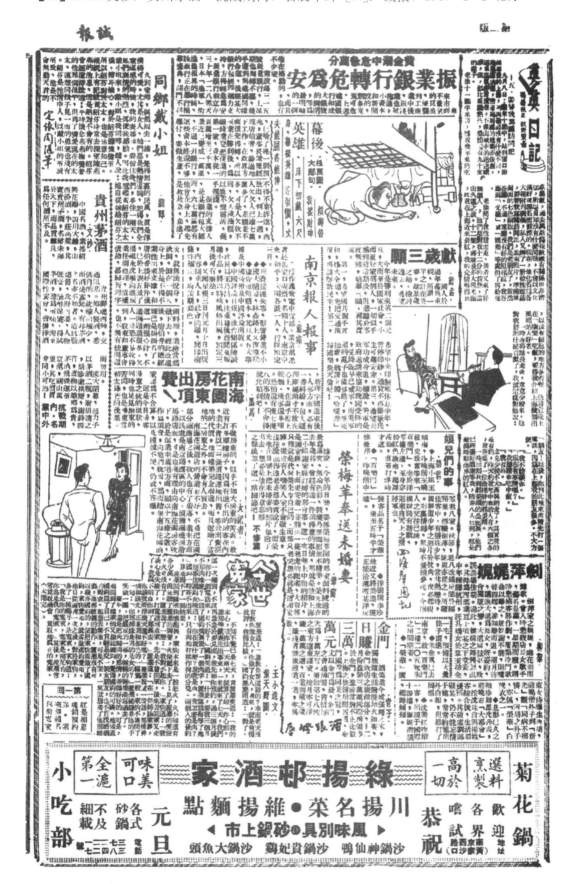

【71】B.29 林冷秋．茅台美酒 [J]．福建青年，1947，(1)：19.

茅台美酒

林冷秋

品茶，抽煙，飲酒，據說是生活藝術中最精緻的表現，誰能深入其堂奧，才能領略那純粹本自經驗的意味。譬於品茶，抽煙，飲酒的人，都有其自私的偏好，這種偏好，基於種種要求的配合，根深蒂固，不可移拔，並不是一紙廣告或是宣傳，所能動搖它的毫末。茶，煙，酒，都是種類複繁的嗜好品，而羅列齊萃，各有所愛，一點都不能強求，苟同的，在千萬種不同的類別中，如從女羣中選擇其愛人，情人眼裏的西施，各有各的見解。有人愛上一種茶，煙或酒，終身鍾而不舍，永不更改；有人卻厭舊求新，隨時隨地尋找新的刺激。變也吧，不變也罷，時日久了，那份對嗜好品自私的偏好，便會自然的滋長，形成各個人愛好的標準，如萬流歸海，雖蔚成一片汪洋，而歸根溯源，仍允許各自佔有涓涓的細流。

對於煙和茶，我不能有所申述。至今我仍徘徊在這兩大嗜好品的門外，我是煙和茶的盲者。

那麼讓我們談酒。

酒在我們農業古國，應該比茶和煙，佔著更先的一葉。忘記那一本書上說過：如史學家顧頡剛先生懷疑過禹是大虫的禹，會釋飲酒而甘之，說其後世必有人嗜酒而亡國者，到底後世有無末路帝王嗜酒亡國，仍是無根無由的一樁公案，有理說不清，至於太平洋彼岸的美國，也曾有過一位總統（胡佛）因標榜禁酒而焦頭爛額，不得連任白宮的主人；而另一位政治家因勢利導，堅持開放酒禁，遂被擁戴爲白宮新主（羅斯福），一直聯任三次。酒的被人賞識，或爲不可或缺的嗜好品，不祗自古已然，而且於今爲烈。

酒有中西之別。洋酒流行中土，不外啤酒，葡萄酒，雞尾酒，（各色酒滲什的混合酒）威士忌和濃烈的伏特卡。洋酒習慣於鯨飲，一飲輒醉，沉醉著不知微醺之味，和我們細嚼慢飲的風格，格格不相入，在中土飲洋酒，如在中土食西菜，一樣的落於遷就和無知，並沒有一提的價值。

中華名酒，識者每舉牛莊高粱，山西汾酒，浙江紹興和貴州茅台。在此四大名酒中，高粱，汾酒和茅台都是白酒，獨紹興是黃酒。高粱和汾酒我都試過，祗恐是贋品，不是來自牛莊和汾陽的原莊。若以贋品論名酒，實在有失脾胃味，祇好閉口不談，紹興的花雕，太雕，在閩中恐怕得之也不易，縱能有緣一試，山川遠隔，也不是極品，只有茅台，卻爲着偶然的機緣，得一見廬山眞面目。

茅台酒出自貴州懷仁縣楊柳灣茅台村，一釀需十年，要得極品也不易。貴陽，遵義一帶市面出售的茅台酒，均係滲雜其他白酒，質最優者，一瓶原庄茅台只滲成兩瓶，劣者滲雜七八瓶不等，滲至十瓶，是等而下之了。這些滲雜的茅台，每是二三年急就的酒，欲求十年佳釀，亦不可得。

三十二年暮秋，道出貴陽，友人梁，適爲貴州鹽務管理局所派出差懷仁縣，路過楊柳灣，這當地大戶所留，贈以十年茅台兩瓶。梁因不知酒，迄未嘗試，遇到知音的我，卻不輕易放過了。由於主人好客，備好火鍋和佐酒的冷菜，兩個人靜靜的對飲，初掀開茅台酒瓷瓶的塞子，便聞到一口撲鼻的濃烈酒香，似是花香，麝香，千里香，又都不是，只是一股無法分析的香味，徐徐地，綫綫地在噴射，室內似乎逐漸被充滿了。輕輕地把透明晶瑩的茅台酒傾到在白瓷小杯上，貪婪地喝了一口，其香，其色，其味，均有不可訴說的魔力，它的柔軟的體態，透明的肌膚，輕盈的神色，使我醉了。

眞正的茅台，祇可品茗似的，一面清談，一面小酌，一兩飲下十數小白瓷酒杯，夜已過半了，人有點蕩漾，口卻一點也不感到乾渴。只是輕飄飄的醉了，一睡到第二天黃昏，方自夢中醒來，就只有這麼一次，嘗試了眞正的[illegible]到了遵義時，會再飲過同樣的茅台只是贋品，一試便知滲雜[illegible]每飲便不歡。

四大名酒中只[illegible]恰巧的機緣，試過一次眞正的茅台，便知道美酒的不可强[illegible]于牛莊高粱，山西汾酒和浙江紹興，便只好[illegible]而待了。

【100】B.31 佚名．茅台酒的故事　惟请饮者留意焉［J］．青天（印度尼西亚），1947，(2)：18.

茅台酒的故事

惟請飲者留意焉

瑤臺聚八仙

黃葆蒼

皎月娟娟，松風響，醉墨試揮[illegible]。[illegible]簾外，紅影在落霞前，秋水盈盈似劫，吞山冉冉淡如烟，撫冰紈，斜凭玉案，輕吹金鈿，驀驚孤鴻院宇，向秋邊燥咋，共話寒蛩，一曲清歌，彷彿閬苑飛仙，百年光陰蝶夢，問幾度清宵明月圓，銀屏裏，花濃酒困，魂斷，寶，

蘇幕遮

哭先舅黃任初先生　黃葆蒼

塞鴻飛，雞角起，武水迢迢，一別人千里，暮陽芝蘭殘撥水滑，極目天涯，無語揮涕。月樓中，花院裏，潄玉淨波，猶記[illegible]，從此幽明隔已試，猶念山，落日紫烟翠。

鳳凰臺上憶吹簫

和陳公僕黃鳴岐先生作　吳寄梁

短幅長箋，寄天碧海，難淘紅豆牢愁，憶昂香影倩，隱約因依，消受酒餘笑靨，領略際，玉樣溫柔，無聊處，閑倚悠立，小語勾留。情幽，香嬌蝶戀，正燭焰搖紅，彈指凝秋，悵望橋西子，夢隔紫樓，多透春蹊自縛，坤靈屬恨事悠悠，容回首，月殘鐘曉，雲散風流。

謁金門

黃鳴岐

吳寄梁女史來信謂：「小女抱病，準於正月中去長彬調護，歸期難計，從此天南地北，請不必再投郵信，惠集瓣因，可再待重結芳繹。」滿紙離情，無限發心，爰填一闋報之。

青鳥至，惆悵離情滿紙！遙望零峰千萬里，長亭何處是？文采風流已矣！往事那堪提起？歲月幾人東逝水，[illegible]夢耳。

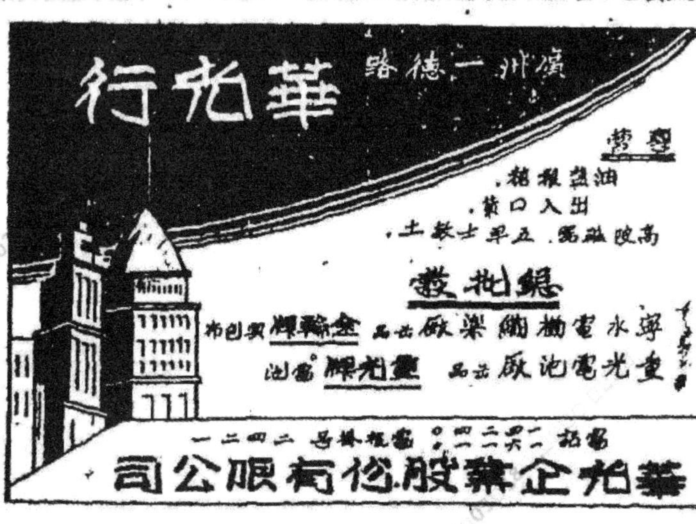

18

【120】B. 34 凤三. 茅台酒［N］. 大风报，1947-6-21（2）.

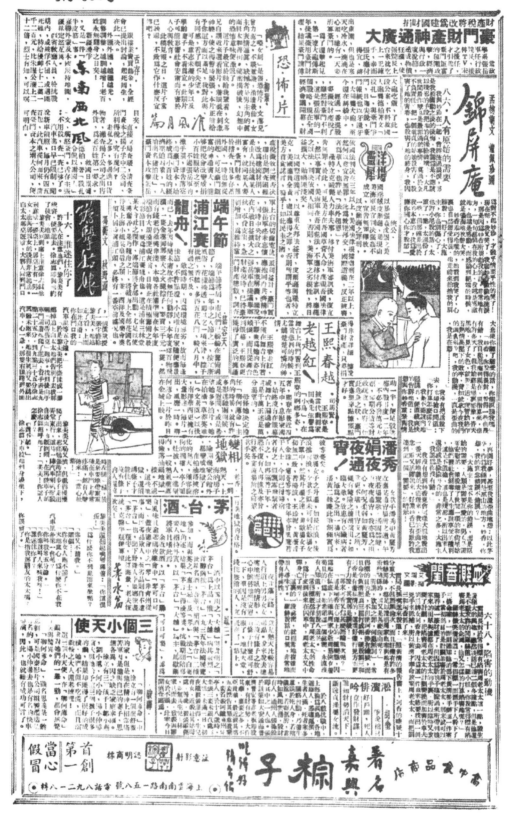

【124】B.35 雷山. 茅台酒［N］. 小日报，1947－6－25（3）.

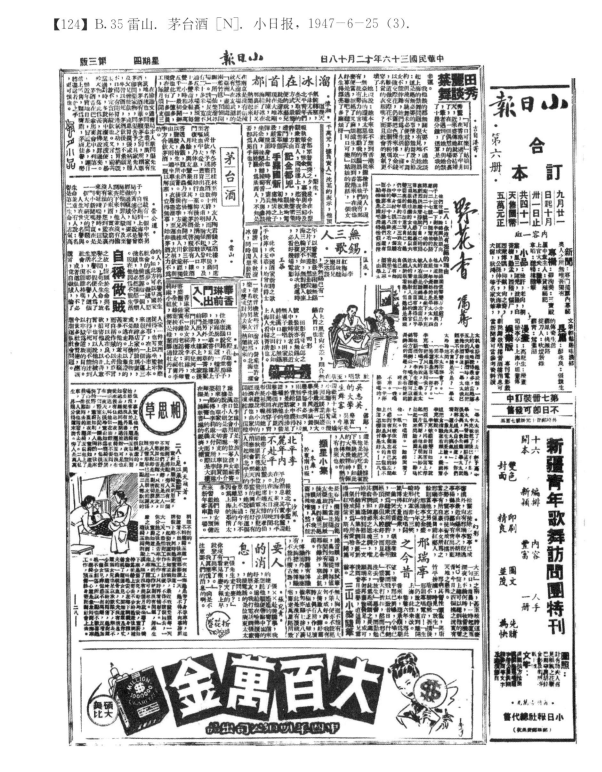

【153】B.41 雷山. 茅台酒［N］. 小日报，1947－12－18（3）.

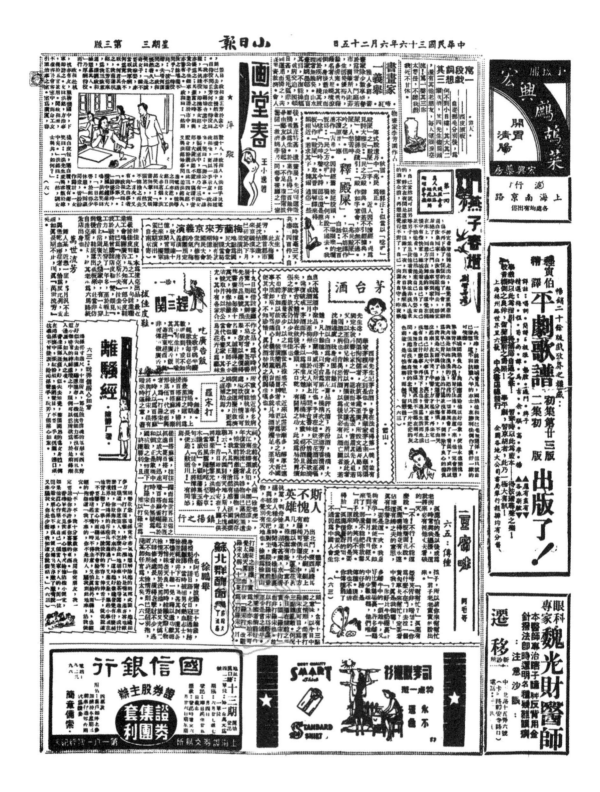

【154】B.42 苇窗. 茅台恨 [N]. 诚报，1947−12−22（2）.

【208】B.43 佚名. 喝茅台酒……吃爆羊肚领儿 谭秘公天桥"起病"记! [J]. 一四七画报，1948，21（4）：10.

第三节　茅台酒政府公告原文

【8】C.1 财政部. 财政部指令四川区税务局　据呈查报原定贵州茅台酒公卖价格费率应准备案由（二月十四日）[J]. 税务公报，1937，5（8）：30.

税　务　公　报　第八期　公牍　菸酒税　三〇

财政部指令四川区税务局　据呈查报原定贵州茅台酒公卖价格费率应准备案由

二月十四日

税务署案据该局来呈及附件均悉。前据该局呈拟修正菸酒公卖价格表，核与核定原案，增列茅台酒一种，当经电飭查复在案。兹据呈明缘由，应准备案。嗣後各所遇有产销菸酒名称，爲该省费率表所未列者，应暂按拟批售价，照率征收，一面呈由该局拟订公卖价格及费税额，呈部核定施行。仰卽转飭所属各管理所遵照，并飭属一体遵照。件存。此令。

附录原呈

卷查前四川印花菸酒税局以㩟前江津县稽徵所呈报贵州所产茅台酒输入川省销售，每百觔飭售市

某装运，而检查卽找向甲县某询问，孰料甲县某不承认此项酒类系与伊装运，爲稽查者当如何处理；设该稽查并不深追甲县运商及向乙县烧酒店处罚，此等处罚，是否合法等情。查运销土酒，除於容器实贴印照而外，须执有凭单税票验随货同行，不得分离，是甲县商人赴乙县装运烧酒，理应在乙县取具验单运照，方能出运。如在中途查出无照私运，未能证明确实买主，自应就持运者根追正当负责之人。惟该省酒税，系按查定税案征收。关於上项情形，在该局所呈稽征菸酒费税简删章之内，尚无详细规定，究竟向例如何办理，合抄原呈，令发该局，仰卽详爲核明，转飭遵照，并具报备查。切切。此令。

【8】C.1 财政部. 财政部指令四川区税务局　据呈查报原定贵州茅台酒公卖价格费率应准备案由（二月十四日）［J］. 税务公报，1937，5（8）：31.

財政部指令湘贛區稅務局　據呈擬修正湘省費稅各價格應准照辦仰轉飭各所一

體遵照由　二月十五日

價一百六十元，向未徵收本省公賣費，應如何核定公賣價格，徵收費稅，請予核示一案，經核定茅台酒公賣價格，「每觔一元六角」，費率「每觔四角」，曾於二十五年六月通令各經徵分機關，遵照辦理在案。茲查前印菸局時值奉令歸併改組之際，尚未經呈報，卽移交本局接收辦理，除由局查照原案，重行申令各分區稅務管理所暨各分所遵照外。理合抄資原案其文呈請鑒核備查示遵。謹呈

呈及稅務署案呈該局分呈均悉。湘省菸酒費稅定率表所載川菸項下之變菸毛菸，又漢汾酒西汾酒等四種，以稅率推算公賣價格，均有畸零，現經該局分別酌訂價格，所有畸零尾數，擬概行抹去，為便於計算起見，應准照辦。仰卽轉飭湘省各管理所遵照，並飭屬一體遵照。此令。

附錄原呈

案奉鈞部本年一月十八日稅六字第三三一四五號訓令內開：一稅務署案呈，衡陽管理所馬代電請示部章規定按貨價處罰之計算貨價標準等情，除明白指令外，合行抄錄原代電及令稿，令仰該局轉飭該省其他各管理所遵照辦理，並飭屬一體遵照。至湘省菸酒費稅定率表，所載川菸葉項下之變菸毛菸，又漢汾酒，西汾酒等數種，以稅率推算公賣價格，稍有畸零，應由該局趕速查明，酌

【14】C.2 王泽生. 审定商标第二七二四三号"王泽生茅台村荣和烧房麦穗图回沙茅酒"注册商标［J］. 商标公报，1938，（148）：27.

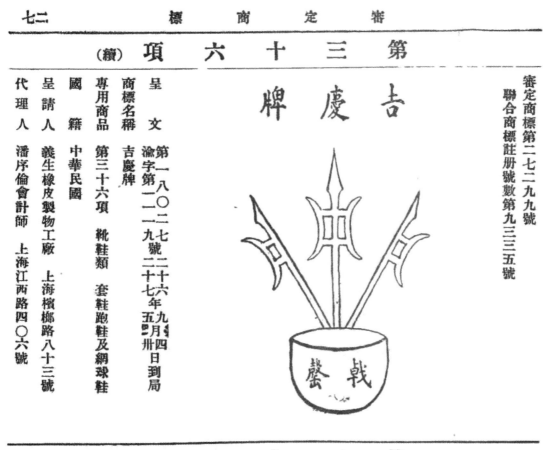

【19】C．3 华问渠. 审定商标第三〇一六七号"华问渠茅台杨柳湾华家成义酒房回沙茅酒"注册商标［J］. 商标公报，1940，(171)：25.

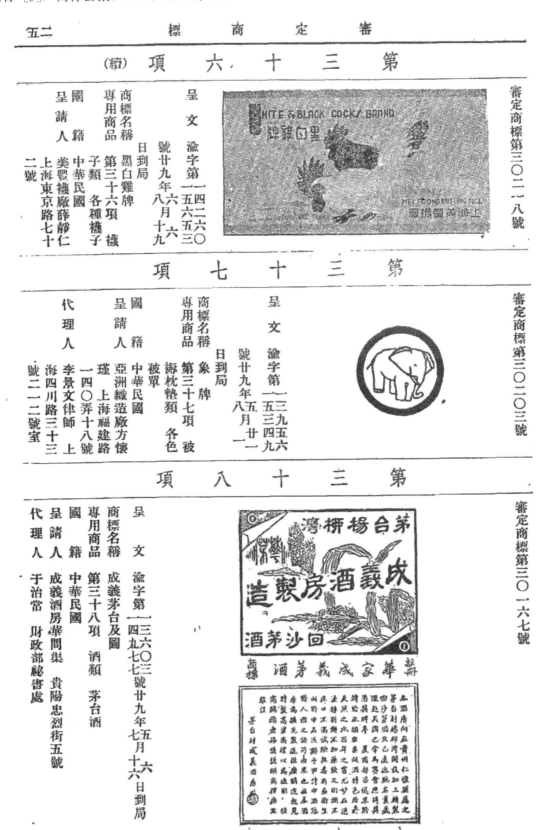

【160】C.4 恒兴酒厂. 审定商标第四三一三六号"赖永昌恒兴酒厂大鹏赖茅（Lay Mao）茅酒"注册商标. [J]. 商标公报，1947，(262)：68.

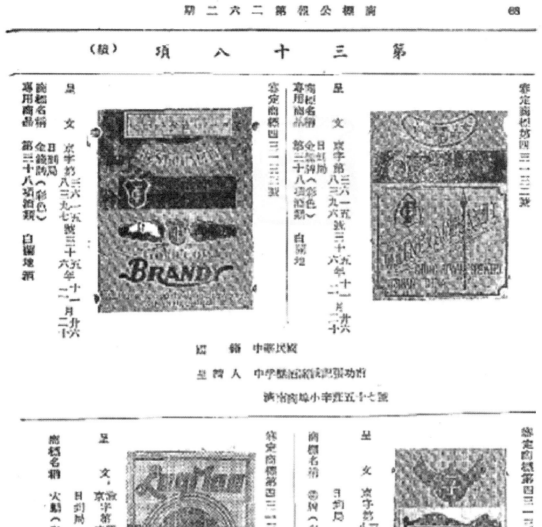

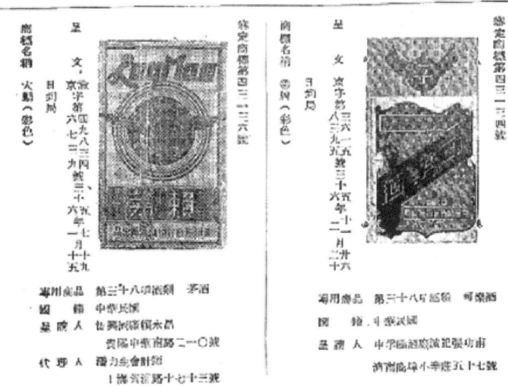

【161】C.5 民生四川土产. 审定商标第四六〇五八号"民生四川土产圈椒图大曲酒回沙茅台酒"注册商标 [J]. 商标公报，1947，（269）：105.

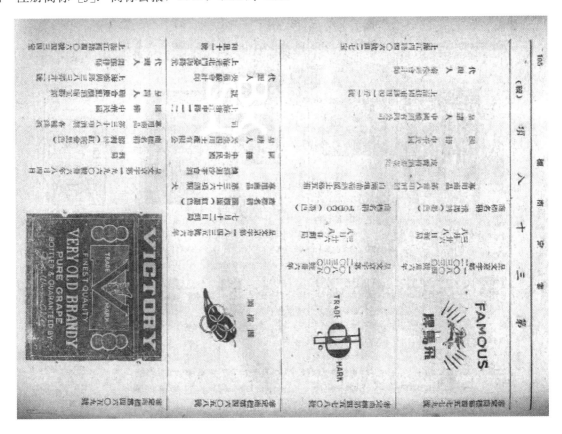

第四节　茅台酒科技论著原文

【3】D.1 贵州省建设厅. 贵州全省实业展览会专刊［M］. 贵阳，1931：77.

【3】D.1 贵州省建设厅. 贵州全省实业展览会专刊［M］. 贵阳，1931：285.

物品给奖

工商组审查工艺品给奖等第表

品名	产地	出品人	等级评勋傋考
五彩瑞花地毯	绥阳		特等 工料翔美可销省外
羰皮枕匣	大定	晓徽公	同 工科翔美可销省外
份渠纹帐	绥阳	翠岚顾	同 工作细致
斗笠	大塘	建设局	同 工作细致
草皮器	贵阳	铁泰成	同 工作细致
草帽辫	绥阳	顺科版	同 选择细欲
海食匣碟及楪	同		同 品货细软可
天林士洪	敖塘	恍籠工	同 纸料细
盃画	同		同 纸料匀细可
闹山哎	惠峰	李余盐	同 纸料匀细可
都匀夹纸	都匀		同 同
竹底纸	龊溪		同 同
堤翔中山像	贵阳	谢树先	同 同工精美可销省外

品名	产地	出品人	等级评勋傋考
三合石剝硯等	缓金	建设局	转等 石貝坚硬别 工精细
石剝宇級屏	贵阳 缓金	第一鋧科	同 石貝坚硬别
同上	同		同
竹箭	贵阳 缓金	建设局	同 工竹料坚贵别
自生鏘细	苷涛	駁鳥村	同 工竹料坚贵别
白紙	貞豊		同 工錫料细等
竹麻紙	卷县		同 同
茅酒	仁怀	成義周	同 品賞精良可馆省外
蓝色宝瑩花瓶	同		同 馆省外可
緑色宝瑩花瓶	绥阳	镟嗚	同 品賞精良可以推销
士敏士塔	贵阳	公司	同 同

二八五

92

【3】D.1 贵州省建设厅. 贵州全省实业展览会专刊［M］. 贵阳，1931：289.

品名	产地	出品人	等级	评语
做陽藍布	息烽	甘海清 劉國光	甲等	勻細
鐵鋤單刀	貴陽	王玉田	同	精緻
白銅筷箸	同	魏正心	同	精美
白銅飲	同		同	坚致
鐵磚做單刀	同	不禍與	同	精緻
同	同	王麗與	同	精美
陰丹士林布	遵義	定心旅	同	勻細
茅酒	仁懷	柴和昌	同	醇香
同上	衡昌		同	清香
香花酒	赤水	聶麗長	同	清香
罐頭食品	貴陽	群泰	同	優美
紙傘	印江	呂禺和	同	精緻
皮箱	赤水	陳院銳	同	精緻
漆皮器	大定	榮忠昌	乙等	
漆水器	息烽	陳玉興	乙等	
同上	湄潭	姜記	同	
同上	桐梓		同	
同上	銅梓		同	

資業展覽會專刊

品名	产地	出品人	等级
漆木器	鴉山	興盛祥	乙等
磨磁器	貴陽	興盛祥	同
竹枕	劍河	藤工藝所	同
竹枕	松桃	黃樹凡	同
竹枕	毅陽	何介如	同
同上		姚順清	同
同上	湔波	姚真立	同
筷箸		姚真立	同
化裝品	貴陽	利民工	同
玻璃器	貴陽	廠	同
草皮器	赤水	司民生公	同
各種鞋	清鎮		同
同上	貴陽	德益隆	同
糖類		襄文卿	同
同上		模施工	同
同上		廣源泰	同
同上		袁復盛	同
同上		智慧所	同
同上		楊吉森	同

二八九

【15】D.2 沈治平. 十种茅台酒曲中丝状菌之初步分离与试验 [J]. 工业中心，1939，7（3/4）：10

十種茅台酒麴中絲狀菌之初步分離與試驗

沈 治 平

本試驗中全培松先生給題授意，並承指導與校閱，特此致謝！

「一」引 言

麴之優劣，影響於酒之品質及風味殊大，麴之優良與否，又視其中所含微生物之如何而斷。故欲研究我國釀酒方法，闡明釀酒原理，進而謀改良之途徑，自以研究其中主要微生物爲基本出發點。本所年來對於國產酒藥酒麴中，微生物之分離與試驗，頗爲注意；前在南京時，曾收集各地酒藥酒麴數十種，分離其中主要微生物，并作初步之研究；離京後，又曾收集貴州省仁懷縣茅台村茅台酒麴三種，及其他酒麴二種：計集義茅台酒麴一種，榮和茅台酒麴一種，成義茅台酒麴一種，包谷燒酒麴一種，糯米酒藥一種；作其中絲狀菌之分離與研究。

從上述五種酒藥酒麴中，共分離得絲狀菌十種；內計：Rhizopus 四種，Mucor 二種，Penicillium 二種，Aspergillus 一種，及 Dendryphium 屬一種。茲僅就其形態加以觀察，就其培養性狀加以記載，及其對於酒精及食鹽之抵抗力加以試驗；其餘生理方面，如發育最適溫度，最適酸度，糖化力，對於各種糖類之發酵性，及其分類上之

命名等，均未決定，尚待來日之繼續研究。

「二」形 態

移殖各菌於中性麴汁洋菜培養基上，保溫25°c—30°c，培養一週後觀察之。

（1） Rhizopus 1 （圖一）：—

【甲】菌叢灰黑色，胞子多，菌絲密而易斷。

【乙】胞子囊柄 2—3 本，叢生於匍匐枝上或菌絲之端，亦有單生於菌絲者；其大小約(195μ—293μ)×(8·4—μ11·2μ)。

【丙】中軸體球形，淡灰色，表面微粗(22·3μ—41·9μ)。

【丁】胞子囊球形或類似球形，表面粗，青灰色（39μ—61·8μ）。

【戊】胞子淡黃色綠色，球形，卵圓形及不正形，表面平滑，徑(6μ—8μ)。

【己】芽子膜厚而透明，大(28μ×14μ)。

（2） Rhizopus 2 （圖二）：—

【甲】菌叢疏鬆，白色，菌絲粗；點狀胞子囊散於其間。

【乙】胞子囊柄著生於匍匐枝上，或生於菌絲之一端，亦有生於菌絲者；大都爲叢生，從菌絲生者都爲單生，長 (0·45mm—3·20mm)，寬 22·3μ

【丙】胞子囊球形，表面粗 (87·5μ—175μ)。

【18】D. 3 张肖梅. 贵州经济［M］. 南京：中国国民经济研究所，1939：L21.

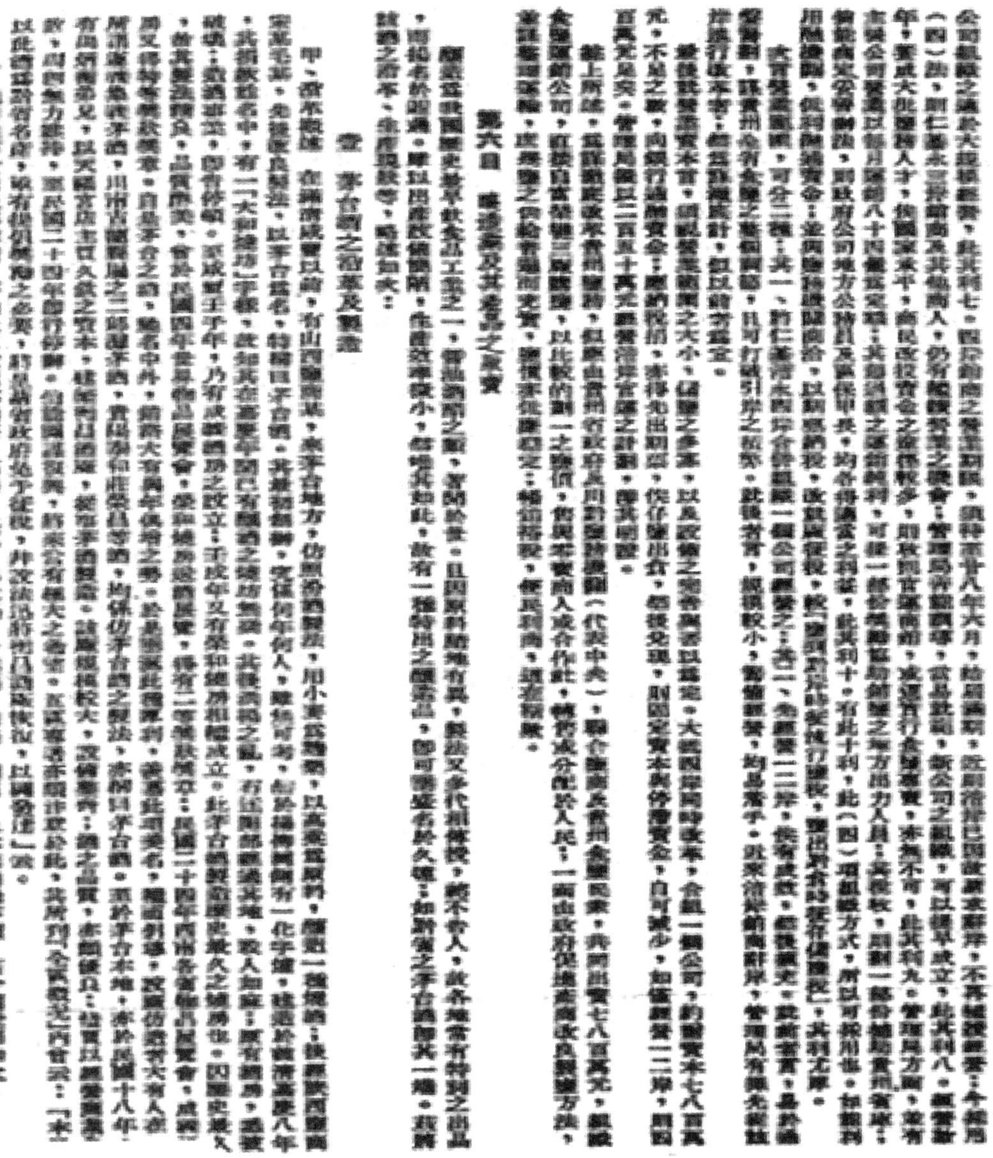

壹　茅台酒之沿革及製造

【18】D.3 张肖梅. 贵州经济 ［M］. 南京：中国国民经济研究所，1939：L22.

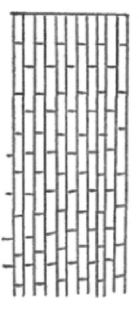

【23】D.4 张肖梅. 贵州经济之自然赋予与利用（续）[J]. 商友，1940，（3）：7.

7　　　　　　　　　　　　　　　　　　　　　　　　第三編

廠自行調查，通義爾廠根據省政府秘書處統計室資料，黃平一廠根據手工藝品展覽會紀錄）。

甲、火柴業分佈

地名	廠名	職工人數	資本總計	備考
貴陽	二		三五，〇〇〇元	
遵義				
黃平		一六〇人		分山數及工場所在部
	協昌、惠川	一六〇人	木詳	木詳
	德泰継明	一〇四	全前	
黃平		木詳	木詳	木詳

義、榮和、兩家，在遵義縣者，有泰和莊一家，規模較距。餘則均屬農家耕餘之副業矣。在貴陽者，其之釀酒設備亦頗簡，其成品之優劣，蓋純係所用原料及製酒工人技術經驗高下之表示耳。

第五目　玻璃陶瓷及漆器業

甲、玻璃業　全省玻璃製造業，僅有兩廠，一在貴陽，一在清鎮，所出成品，尚稱不惡。

乙、陶瓷業　本省陶業所產成品，以貴陽縣屬青岩為最著，因將產磁器，遂有名青岩為黔鎮者，地以物名，景德鎮也。但以往雖能產瓷器，出品不多。且亦粗劣，最近始逐漸改良。此外如都勻、黔西、鎮山、鳳岡、開陽、仁懷、興義、紫雲、八寨、威寧、遵義、織金、畢節、平舟等縣，亦能製造，但成品均尚需加以改良。

丙、漆器業　本省漆器業，較異於他省者，漆器原料，內容為牛皮所製，能經久耐用。製造之產品，以大定縣所產者為最佳，貴陽次之。

乙、各廠內容概況

第三目　製革業之分佈及其產品

本省製革業，較著者計有四廠，其分佈，貴陽計有三廠，安順一廠。其內容如後表所列：

廠別	職工人數	資本額	出品種類	全年營業額
遵義	一七人	五，〇〇〇元	底皮、戴皮、帶度、脱皮	五〇，〇〇〇元
永豐	三九人	一，〇〇〇元	全右	
裕昌	八人	二，〇〇〇元	全右	八，〇〇〇元
襄時	木詳	木詳	木詳	木詳

上列各廠中，振華廠製革部份，係該廠之一部份；此外更兼營木器，而現在營業，反以木器製造為其主要之業務，製革反居木器之後。

第四目　茅酒與釀酒業

本省產茅酒著名。茅酒名稱之由來，係仁懷縣屬茅台村華姓所釀之酒，向著盛名。遂以地名名酒，相沿成風，遂以同樣產品，均名茅酒。現時經營釀酒之較重要者，在仁懷縣屬之茅台村者，有成

第六目　原紙種類與造紙業

本省產紙種類頗多，計有白紙、天林紙、對方紙、藥水紙、草紙等項。而尤以白紙為最著、天林、對方、毛邊、西山四種，均以竹為原料，惟名稱不同而已。

粉紙、有光紙、西山紙、白

第七目　戰後新興工業及計劃中之工業

抗戰軍興，外省企業家入黔者頗多，皆有投資興辦新式工業之意。而政府當局，鑒於黔省國防後之重鎮，建甄工業基礎，不僅為繁榮本省社會經濟上所必需，亦為穩定後方國民經濟上所不可或緩。故銳意進行，唯力是視。故迄今已在籌設或已設立之新式工廠

【30】D.5 钱德升. 贵州经济概观 [M]. 1942：118.

贵州经济概观

二一八

（二）造纸业　本省产白纸、竹纸、白纸多产都匀、遵义、郎岱、开阳、印江、贞丰、本永等县，前以郎匀为最著，开阳之沙管纸，郎岱之火坑纸，及贞丰之酉阳二山，及黔西之天鹅山等处，其能到白惠水出产者为最多。白纸之主要原料用楮树枝条之皮，此种楮树，大半野生，除遵义各地外，其他各县，惟遵散漫、故纸皆采树皮为料，每须运出五十里之外。竹纸及草纸，则川常年生之茨竹，所用原料，则偶外来，价俗顿昂，各地所产竹纸，草纸，均竹所本省，能自纸有一部分仰运销四川及云南。

（三）酿造业　茅台酒为本省最上之名酒，产于仁怀县之茅台村，峰德富湄潭成丰等纸工省山西毛某等，金如改良，酿法粉良，稍茅台酒，率被壬子年，有府戎酒坊之设立，壬戌年复有荣和烧坊之继起，以其历史悠久，制法粉良，每不各地展览，铺馏泵盛琅锅，名驰中外，畅销各地，茅台酒之销非岛於茅台村，而亦以茅台酒命名者，则有遵义料之集义茅酒，四川古蔺县福之二郎滩茅酒，民国十八年，为所以闻名，固由於其秘传之优良制法，而酒地永料之特制逅宜於此项酿造，亦关重要原因之一，此外和他之酒亦有，因保伤制，品留较方，另於茅台村本地，尝率茅酒制盒，规模宏大，设备整齐，踏居伤造，酒品顷优，惜蔽主因辞著其他事宴失败，遂乐及酒贩，袋，於二十四年即行停业。各抓坊每年产酒数量，成戎约二萬馀斤，及义昌桐香村合计二萬馀斤，全省共约六萬馀斤，大都窃中於贵国烧酒、荣和一萬馀斤，泰和庄任柔昌稻香村合计二萬馀斤，大都窃中於贵国烧酒，再无碍八九千斤，

98

【42】D.7 贵阳中央日报社资料室. 新贵州概观 [M]. 贵阳：贵阳中央日报社，1944：370.

新　贵　州　概　观

三七〇

上之改进。滇北倒装匿隆邻湖南，斯类摩披便利，然品种稍低劣，市场更不稳定，为发展虫害之故，仍须匿气颇恒藏，烟虽於难虫生养，宜垦倒故御白蜡。东南珙玲匿地形氟候变乘复什，白蜡虫构脂放御，南部播江流域，红水河沈域爲低凉地方，宜发波一带，地势低下，氣候暖热，爲捉倒发酿白蜡区坡。北东，清水江四郡江之沛水岭及瑜蜎高坡氟候敏爲低凉地方，宜发屁盏粟，就近俳给本地及湖南西甫蜡地。此外，本省贵郡播仁，玉屏一带，南邻播甸，红水河沈坡，均宜放蜡，颇有捉偶之价值也。

一、茅台酒制造业

（一）制造业名称及其产地

客游滇咸豆年间，有山西盐商，来仁怀题茅台村。仿照汾酒製造烧酒，用小麦爲麴麳，以高粱爲原料，造凝酿久，毛等，征初改良，敂味妻可口，因之而得名，故特别曰茅台酒，至咸豆壬子年，有薛茶和烧坊之随起，因历史最久，"製造较良"，每逢展览，屡照各地之爱览，自地名随甲外，锦、大有两时俱知之酌酒。及任荣县稻香村陼之涵沙茅台酒，均係仿茅台酒之製法，四川古蔺县属之二郎滩茅酒，贵阳荣和匿之南明酒，時亦涯此種加利，英甚此项夸名者，大有人在，如这类之集酿茅酒，品质较劣，亦称曰茅台酒，至於茅合茅酒，亦於民国十八年西盐商宋，毛等築衡县洒厰，從事茅酒製造，黄断规模颇大，設偌颇有，酒品質亦优良，惜後题宰，刻刊地即爲夹散，遂动雜神，民国二十四年倒行停乘。最近有人舆绵轮输茅题而品質劭似，晚仍次於稣咸龤細等酒，如能改进，前屁尔有希驰也。

（二）年产额 及 其售价

99

【42】D.7 贵阳中央日报社资料室. 新贵州概观 [M]. 贵阳：贵阳中央日报社，1944：371.

各酒坊均能观察经营，所出之酒，互相混合，偶作一体出售，注入两桂形瓦瓶，或玻璃瓶中，每瓶可容酒约一斤，在各酿造地出售，价格每瓶约在九角至一元二角，若运往各县及外省，其价格则视路途之远近，及其捐税之多寡而异，在成义产酒年在二万余斤，荣和一万余斤，泰和莊任荣昌及稻香村年盘会计二万余斤，故金省年产量，在六万余斤以上。

（三）原料名称及数量

原料为高粱与小麦，茅台之成义，每年需入高粱二百余石，小麦一百六七十石荣和年收高粱一百余石，小麦八九十石，遵义之集义，年收高粱七八十石，小麦五六十石，贵阳之泰和莊及任荣昌所用各原料略与集义相同，稻香村其数尤少。故金省会计高粱，约在六百石以上，小麦约在四百余石。

（四）销路情形

成义之酒，以贵阳遵义两地为其大量推销处，由贵阳再销两广，湖南，由遵义再销各县及四川，贵阳年销万余斤，本酒局年销二三千斤，荣和之销路大约与成义相同，但以遵义兼为其大量推销地，年在三四千斤，贵阳约二千斤，近年由赤水河运至四川境底者年约四千斤，本房亦有相当了销路，年约千斤，集义之酒，多销遵义及其他地方，约之，原贵阳泰和莊之捕明酒，及托荣昌稻香村之迥沙浮酒，多销售于贵阳本市，近来有运西南州湖南等地者，总之因销者，多营本省销上特产。然任省外者，仍属麥密，故欲我故利积，提销外酒，自应提倡製造，振兴國货。

（五）運銷方法

本省交通不便，茅台洞之運销，均以圆柱形瓦瓶威玻璃瓶装入，由人背波马驮，有铃通河底地方，即用木船運载，

新贵州概观

【42】D.7 贵阳中央日报社资料室. 新贵州概观 [M]. 贵阳：贵阳中央日报社，1944：372.

新　貴　州　概　觀

其裝罐方法，凡在外地者，多由各地商號代辦。

（六）製造手續

（甲）茅台酒麯之製法

茅台酒麯，間有小麥內加其紅粬三成者，但一般多用純小麥麯，其製法係將小麥磨碎，溫水和勻，傾入木製模型，以足踏緊，以是踏緊，翻出撒於麯室，摺以稻草，以免混亂，稍陰門窗，使之發酵，約越三日，即聞其香，七八日後，時成黃色，即摺撥位置，增加間隔，再輕勻撥，卻成瓶白色，經翻一次，更輕勻撥，十餘日，是成粉白色，即摺州除乾，用時粉碎，隨釃虛實。

（乙）釀造與蒸餾

酒之釀造，先將高粱粉碎，和以麯末，並酌陳糟二成，以木鏟拌勻，堆於遠常時間後，置甑內蒸炊之然後取出散熱，運酒數斤，待冷加入麴飯拌勻而傾於甕內，覆以陶槽，董以泥土及穀殼密封之，約經一月，則飲出，參加對半之高粱，體麵內作第三次之蒸餾，蒸餾後傾出，酒以蒸餾之液酒，加以麴頭，及入甕發酵一月，復按前法施行，惟第三次為酒時，加以高粱約三成，至第四次，加生高粱與否，視甑其原料膠入之多甚而定，加之其量約一成，不加其所出之酒，不酒入原流內，即可出貨夾，撥闊滅少勁騷之分壯，可蒸酒至八九次為止，其最後之糟液渗出供民人蒸飯糟之用，蒸餾之法，先將鍋內煮盛以水，加熱使沸，生蒸氣上昇，即放以蒸餾，傾入酒渣用手扒成酒斗狀，經之甕內承酒以冷水，如是則潤液漸次溜出炎，查第一次蒸炊之原料，因全糟是生高粱，故銷之曰生沙，凡參加生高粱蒸溜之渣，均謂為糙沙，如經五次後不加入生高粱者，均稱為潤釣，所用之酒，納為翹沙酒，倜，舒五六七三炙炊，用糙最后者，特謂為七鑲沙，為八九炙，用酒較少者，則體稱小潤沙，經次用酒花十餘炙，約勻四生沙...

【42】D.7 贵阳中央日报社资料室. 新贵州概观 ［M］. 贵阳：贵阳中央日报社，1944：373.

醅麴裸，其分量在第一次之生高粱時，約加二斗五升，以後按次減少，至六九次降強圖三五升矣，並求醱醅時間，漸次混和原料，迨神醱完全為止，所需水分，祇佔原料一半，是其釀造方法當步國特有者，考高粱酒之釀造，在國民經生高粱時，約為二時半，不參甘料之釀酒時間，約為二小時。

（七）改進意見

查高粱酒為我國國民之普通酒精飲料，歷年清囊極多，雲關造方法，四能醱醱與增北用珧溫署工作甚時盛迎，不能學術網方，均有提倡檢討之價值，況酒精虛量增加，代國還之圭亞希望，欲速此項目的，負應注意釀製品質之優良，深料之選擇，流子之粗細，入窖時之温度，及其操作水分醱等，使糖化勃醱良好，酒甚自能增加，成本亦可減少，在茅臺酒之製法，已如前述，關於改良，周此價造之序程中，關於前途各點，擇多方觀察，既知其大概，而對確實之數值，故知其然，而不知所以然，又酒性之關柔，氣味之優劣，周與醱醅之念緩，黄有關係，而其在四月以上，仍有未能完結者，在此科學昌明之時，豈能任其自然，不謀改進，以求發展耶，惟其改進步驟，探依眼聯北系研究捌酒客項程序進行。

（甲）實地製造試驗：（一）撿取酒坊熟手前來試驗，（二）撿用舊法實行平溜。
（乙）學理上之探求。
（丙）改良試驗製造。

實行上項進行，其辦法有二：
一、撿收停業之酒廠，實地製造，同時探求學理之原理。
二、本省既設工藝試驗所，探仙建設廳撥到一適當地址，招收酒師前來實驗，觀察其過程以達學理上之研究。

第五节　茅台酒广告启事原文

一、华茅酒广告原文 5 则

【58】E1.1 贵州省仁怀县茅台村华家. 贵州成义酒房启事 [N]. 新闻报，1946-10-15（8）.

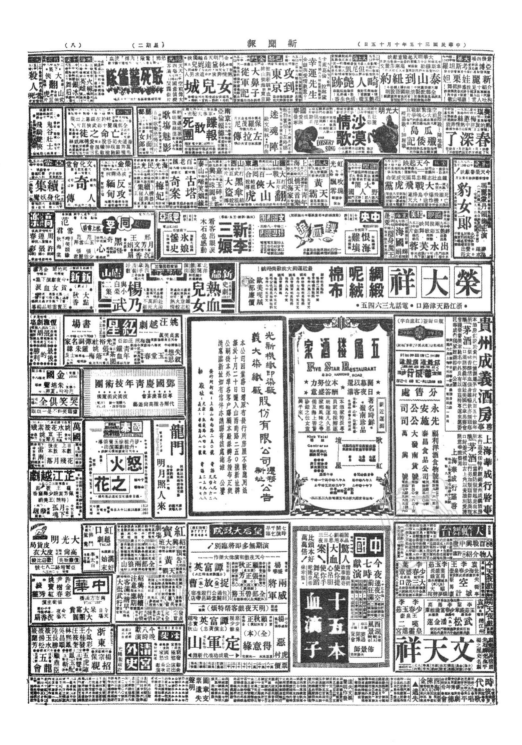

【60】E1.2 上海区华成行. 贵州名产　真正华家茅酒［N］. 新闻报. 1946—10—27（10）.

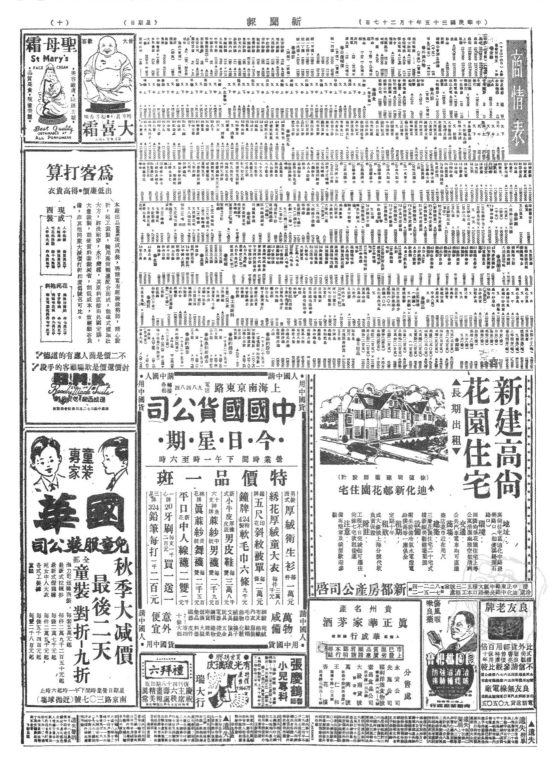

【62】E1.3 华成行. 冬节礼品　真正华家茅酒［N］. 新闻报，1946-12-23（14）.

【63】E1.4 华成行. 冬节礼品　真正华家茅酒 [N]. 铁报，1946−12−24（3）.

【64】E1.5 华成行. 冬节礼品 真正华家茅酒 [N]. 罗宾汉，1946−12−26（3）.

二、王茅荣和烧房茅台酒广告原文 1 则

【27】E2.1 美味村. 茅台酒［N］. 益世报（重庆版），1941-9-1（1）.

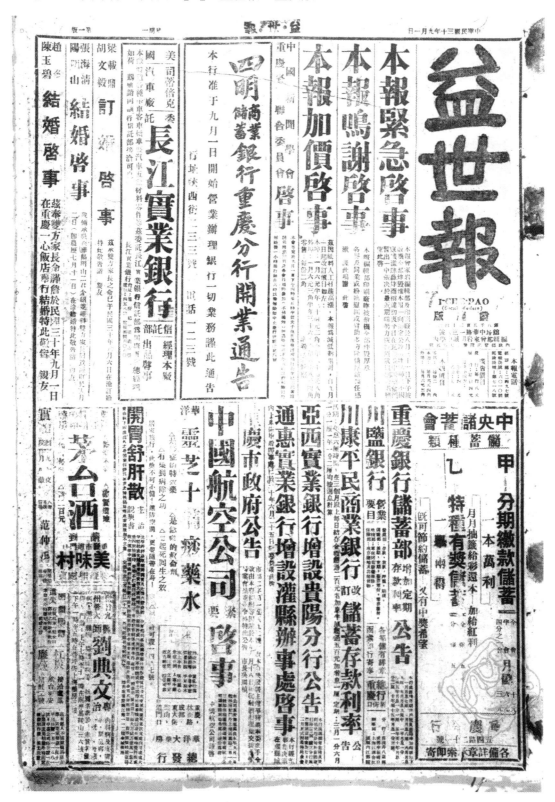

三、赖茅酒广告原文 48 则

【32】E3.1 恒兴酒厂. 赖茅［J］. 训练与服务，1943，2（1）：65.

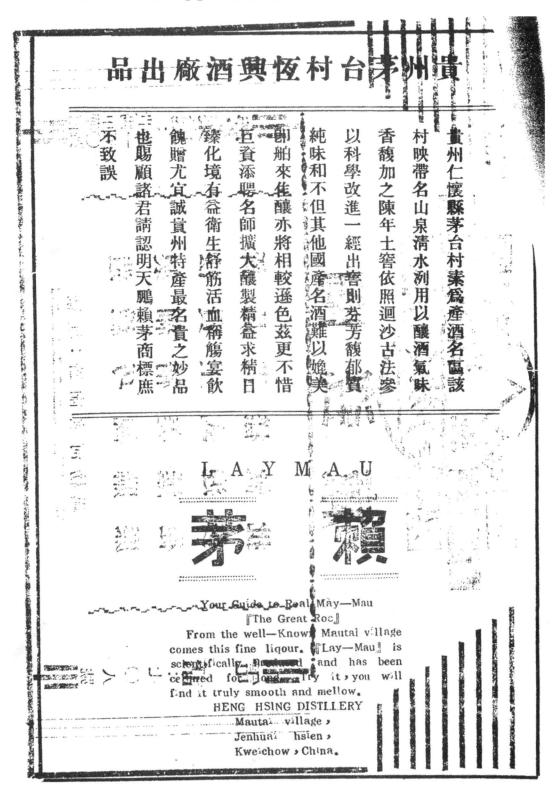

【33】E3.2 恒兴酒厂. 赖茅［J］. 训练与服务，1943，2（2）：5.

貴州茅台村恆興酒廠出品

貴州仁懷縣茅台村素爲產酒名區該
村映帶名山泉清水列用以釀酒氣味
香醇加之陳年土窖依照迴沙古法參
以科學改進一經出窖則芳馥郁都質
純味和不但其他國產名酒難以媲美
即舶來佳釀亦將相較遜色兹更不惜
巨資添聘名師擴大釀製精益求精日
臻化境有益衛生舒筋活血稱觴宴飲
饋贈尤宜誠貴州特產最名貴之妙品
也賜顧諸君請認明大鵬賴茅商標庶
不致誤

LAYMAU

賴茅

Your Guide to Real Lay—Mau
『The Great Roc』
From the well—known Mautai village
comes this fine liquor. 『Lay—Mau』 is
scientifically produced and has been
cellared for long. Try it, you will
find it truly smooth and mellow.
HENG HSING DISTILLERY
Mautai village,
Jenhuai hsien,
Kweichow, China.

【34】E3.3 恒兴酒厂. 赖茅［J］. 训练与服务，1943，2（3）：10.

貴州茅台村恆興酒廠出品

貴州仁懷縣茅台村素爲產酒名區該
村映帶名山泉清水冽用以釀酒氣味
香醇加之陳年土窖依照迴沙古法參
以科學改進一經出窖則芬芳馥郁質
純味和不但其他國產名酒難以媲美
即舶來佳釀亦將相較遜色茲更不惜
巨資添聘名師擴大釀製精益求精日
臻化境有益衛生舒筋活血稱觴宴飲
饋贈尤宜誠貴州特產最名貴之妙品
也賜顧諸君請認明大鵬賴茅商標庶
不致誤

LAYMAU

Your Guide to Real Lay—Mau
『The Great Roc』
From the well—known Mautai village
comes this fine liquor. 『Lay—Mau』 is
scientifically Produced and has been
cellared for long. Try it，you will
find it truly smooth and mellow.
HENG HSING DISTILLERY
Mautai village，
Jenhuai hsien，
Kweichow，China.

【44】E3.4 恒兴酒厂. 赖茅 ［J］. 训练与服务，1945，2（4）：10.

貴州茅台村恆興酒廠出品

貴州仁懷縣茅台村素為產酒名區該
村映帶名山泉清水列用以釀酒氣味
香醇加之陳年土窖依照迴沙古法參
以科學改進一經出窖則芬芳馥郁質
純味和不但其他國產名酒難以媲美
即舶來佳釀亦將相較遜色茲更不惜
巨資添聘名師擴大釀製精益求精日
臻化境有益衛生舒筋活血稱觴宴飲
饒贈尤宜誠貴州特產最名貴之妙品
也賜顧諸君請認明大鵬賴茅商標庶
不致誤

LAYMAU

賴茅

Your Guide to Real Lay—Mau
『The Great Roc』
From the well—known Mautal village
comes this fine liquor. 『Lay—Mau』 is
scientifically Produced and has been
cellared for long. Try it，you will
find it truly smooth and mellow.
HENG HSING DISTILLERY
Mautai village，
Jenhuai hsien，
Kweichow，China.

【45】E3.5 恒兴酒厂. 赖茅 ［J］. 训练与服务，1945，3（2）：11.

貴州茅台村C恒興燒酒專品

LAYMAU

Your Guide to Real Lay—Mau
"The Great Roc"

From the well—known Mautai Village comes this fine liquor. "Lay—Mau" is scientifically produced and has been cellared for long. Try it, you will find it truly smooth and mellow.

HENG HSING DISTILLERY

Mautai Village,
Jenhuai Hsien,
Kweichow, China.

貴州仁懷縣茅台村素為產酒名區該村映帶名山清溪水洲用以釀酒氣味香醇加之陳年土窖依照汾沙古法參以科學改進一經出窖則芳馥和質純味和不但其他國產名酒難以媲美即舶來佳釀亦每相較遜色更不惜巨資聘名師擴大房製精益求精日臻化境有益衛生衛血暖胃之功能佩服光宜誠貴州特產最名貴之佳品惟恐明大庄賴茅商標固不致誤如蒙明大庄賴茅商標固不致誤伊認明大庄賴茅商標固不致誤

筑市首屆

→卡爾登酒菜廳

美大菜

美妙音樂

服務週到

富麗堂皇

中華路四零八　電話八三一

【47】E3.6 恒兴酒厂. 赖茅［J］. 民族导报，1946（创刊号）：35.

【56】E3.7 恒兴酒厂. 赖茅名酒 [N]. 中央日报，1946−7−21（7）.

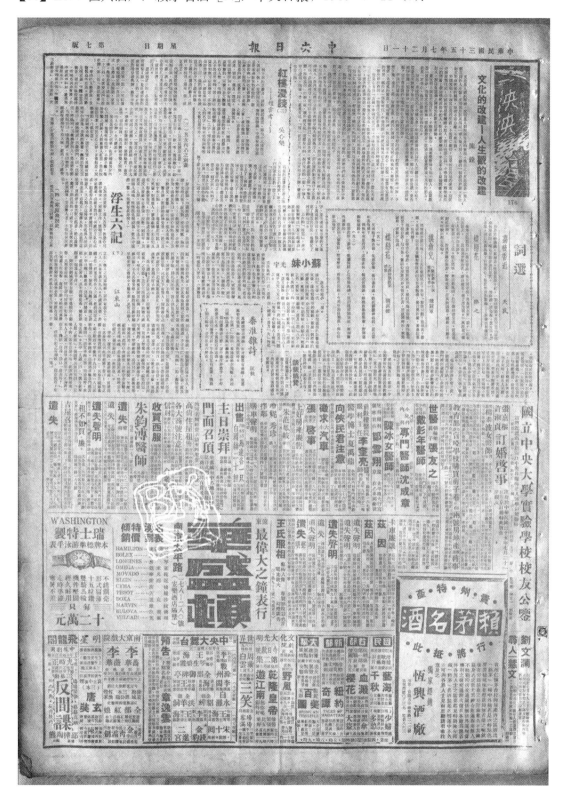

【152】E3.8 贵州茅台村恒兴酒厂. 贵州茅台酒之王　真正赖茅到沪［N］. 新闻报，1947－12－11（6）.

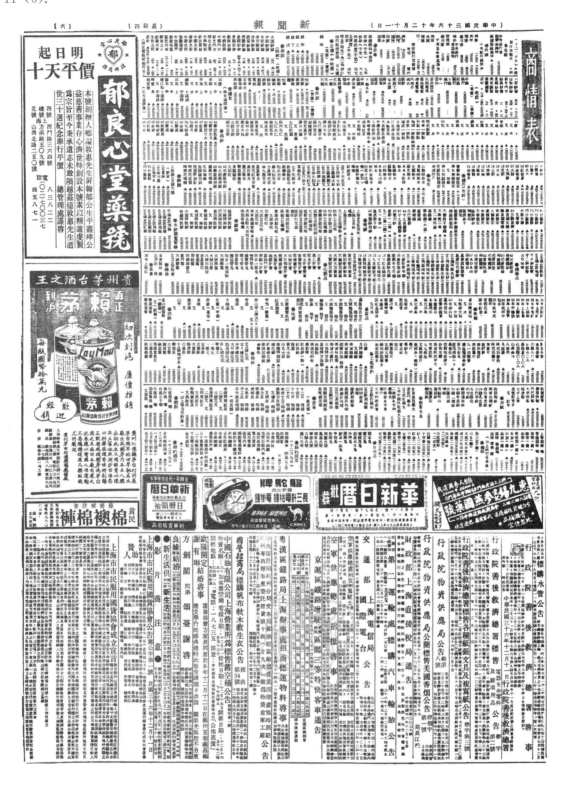

【155】E3.9 恒兴酒厂上海办事处. 贵州茅台酒之王　真正赖茅〔N〕. 新闻报，1947－12－22（9）.

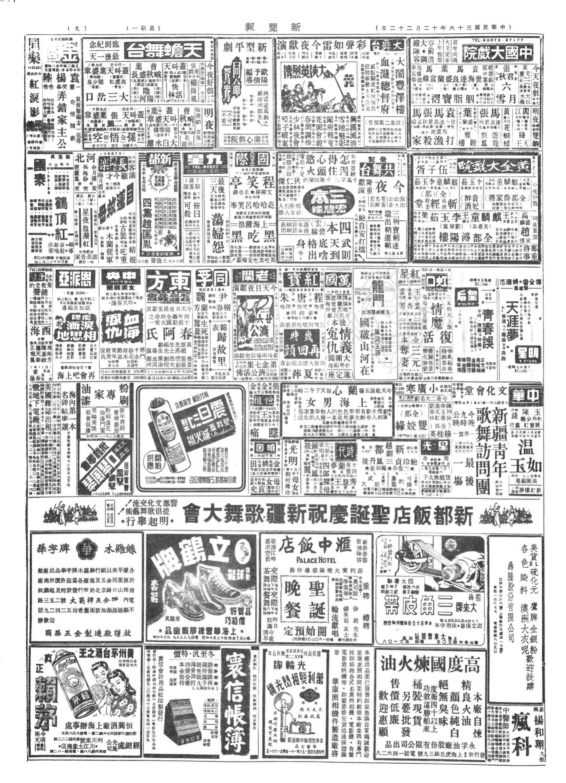

【156】E3.10 恒兴酒厂上海办事处. 贵州茅台酒之王　真正赖茅［N］. 新闻报，1947-12-23 (12).

【159】E3.13 上海办事处. 贵州茅台酒之王　真正赖茅 [N]. 前线日报，1947-12-31（7）.

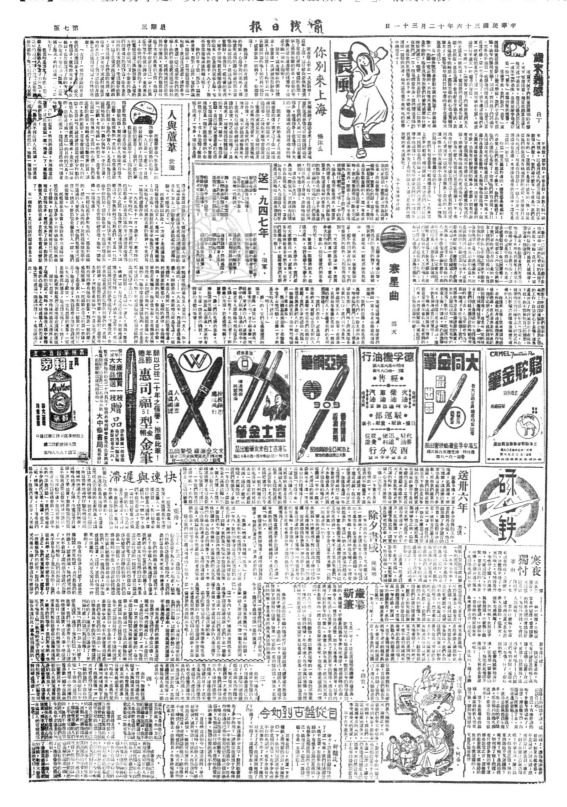

【162】E3.14 恒兴酒厂上海办事处. 真正赖茅 [N]. 真报, 1948-1-1 (7).

【163】E3.15 恒兴酒厂上海办事处.贵州茅台酒之王　真正赖茅.时事新报晚刊,1948-1-1(4).

121

【164】E3.16 恒兴酒厂上海办事处. 贵州茅台酒之王　真正赖茅 [N]. 前线日报，1948-1-5 (7).

【165】E3.17 恒兴酒厂上海办事处. 贵州茅台酒之王 真正赖茅［N］. 飞报，1948－1－6 (1).

【166】E3.18 恒兴酒厂上海办事处. 贵州茅台酒之王 真正赖茅〔N〕. 前线日报，1948-1-6 (7).

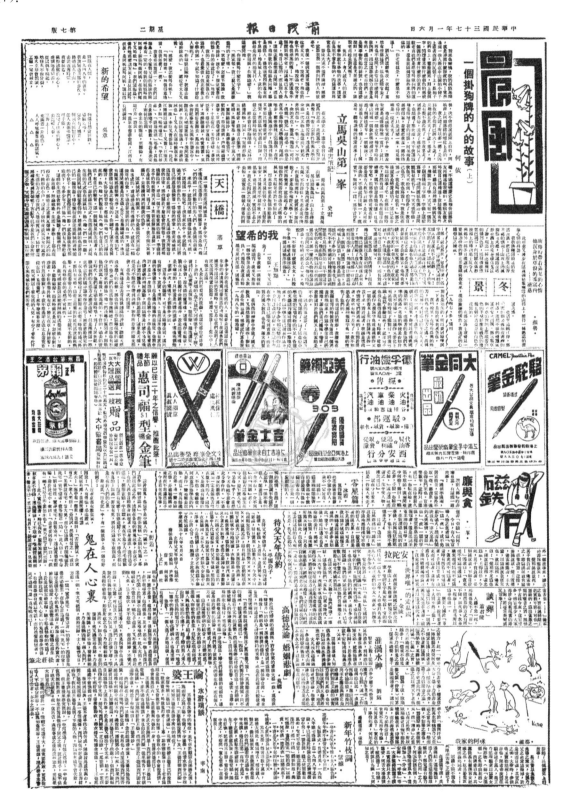

【167】E3.19 恒兴酒厂上海办事处. 贵州茅台酒之王　真正赖茅［N］. 前线日报，1948−1−7（7）.

【168】E3.20 恒兴酒厂上海办事处. 贵州茅台酒之王　真正赖茅 [N]. 前线日报，1948－1－8（7）.

【170】E3.22 经销处先施公司、利川土产商店、重庆银耳行. 贵州茅台酒之王　真正赖茅 [N]. 前线日报，1948-1-9（7）.

【171】E3.23 经销处先施公司、利川土产商店、重庆银耳行. 贵州茅台酒之王　真正赖茅[N]. 前线日报，1948-1-10（7）.

【173】E3.25 经销处先施公司、利川土产商店、重庆银耳行. 贵州茅台酒之王 真正赖茅 [N]. 前线日报，1948−1−11（7）.

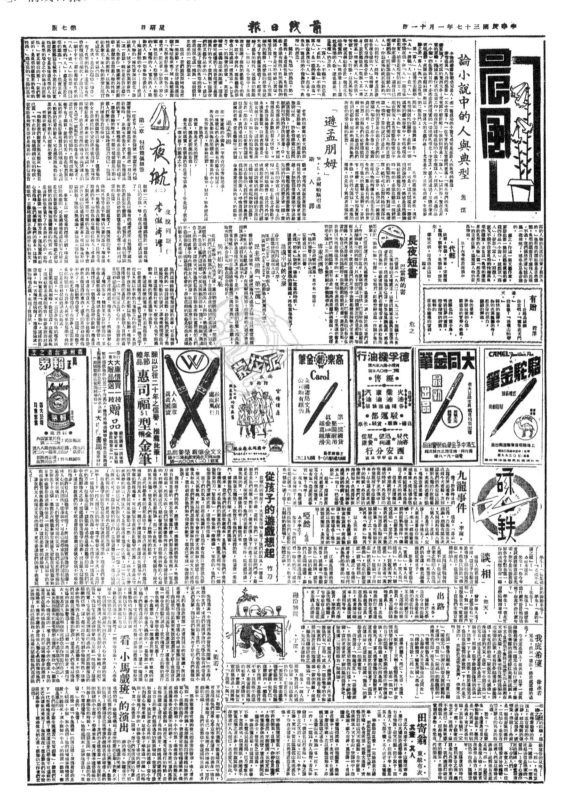

【174】E3.26 恒兴酒厂上海办事处. 贵州茅台酒之王　真正赖茅 [N]. 罗宾汉，1948-1-12
（1）.

【175】E3.27 经销处先施公司、利川土产商店、重庆银耳行. 贵州茅台酒之王 真正赖茅 [N]. 前线日报，1948-1-12 (7).

【176】E3.28 恒兴酒厂上海办事处. 贵州茅台酒之王　真正赖茅 [N]. 罗宾汉，1948-1-13（1）.

【177】E3.29 恒兴酒厂上海办事处. 贵州茅台酒之王　真正赖茅［N］. 飞报，1948-1-13 (1).

【178】E3.30 经销处先施公司、利川土产商店、重庆银耳行. 贵州茅台酒之王　真正赖茅[N]. 前线日报，1948−1−13（7）.

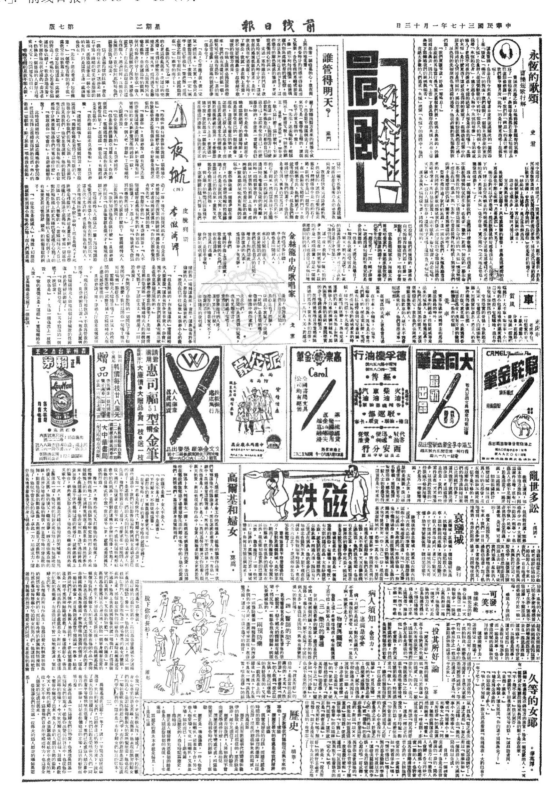

【179】E3.31 经销处先施公司、利川土产商店、重庆银耳行. 贵州茅台酒之王　真正赖茅 [N]. 前线日报，1948-1-14（7）.

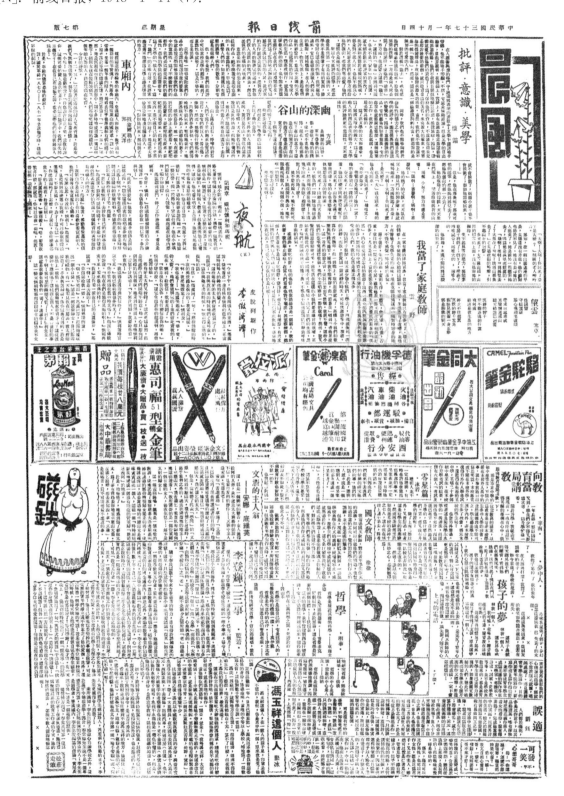

【180】E3.32 经销处先施公司、利川土产商店、重庆银耳行. 贵州茅台酒之王　真正赖茅
[N]. 前线日报，1948-1-15（7）.

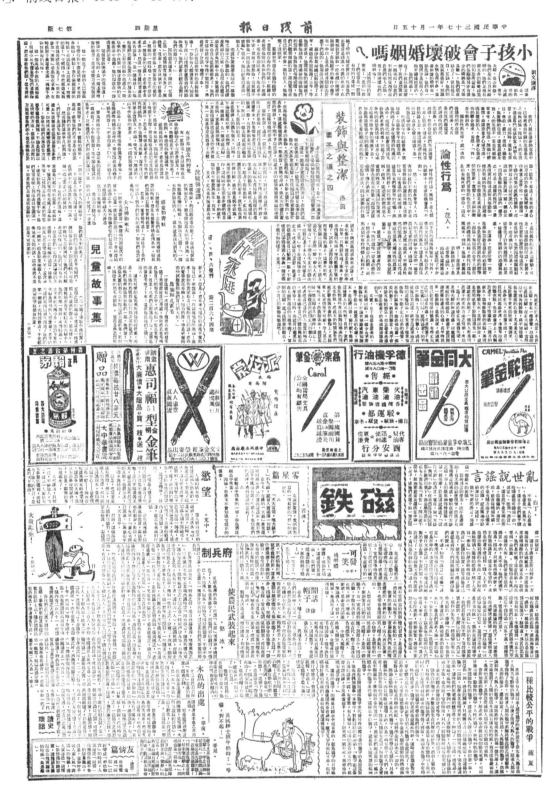

【182】E3.34 经销处先施公司、利川土产商店、重庆银耳行. 贵州茅台酒之王 真正赖茅 [N]. 前线日报，1948-1-16（7）.

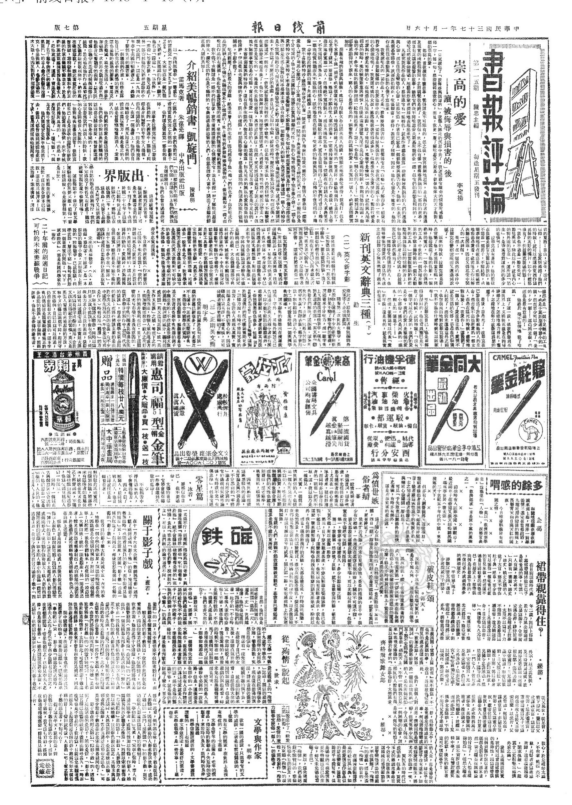

【183】E3.35 经销处先施公司、利川土产商店、重庆银耳行. 贵州茅台酒之王　真正赖茅 [N]. 前线日报，1948-1-17（7）.

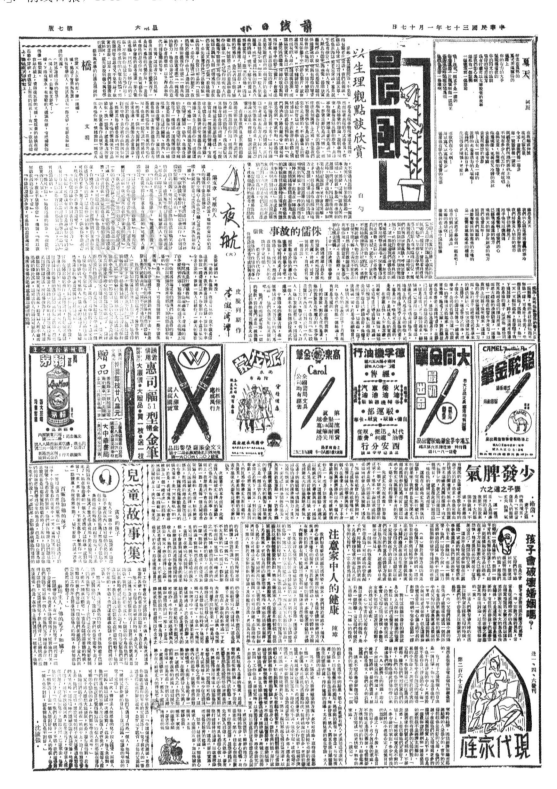

【184】E3.36 恒兴酒厂上海办事处. 贵州茅台酒之王　真正赖茅 [N]. 飞报，1948－1－18（1）.

【185】E3.37 经销处先施公司、利川土产商店、重庆银耳行. 贵州茅台酒之王　真正赖茅[N]. 前线日报，1948-1-18（7）.

【186】E3.38 经销处先施公司、利川土产商店、重庆银耳行. 贵州茅台酒之王　真正赖茅 [N]. 前线日报，1948-1-19（7）.

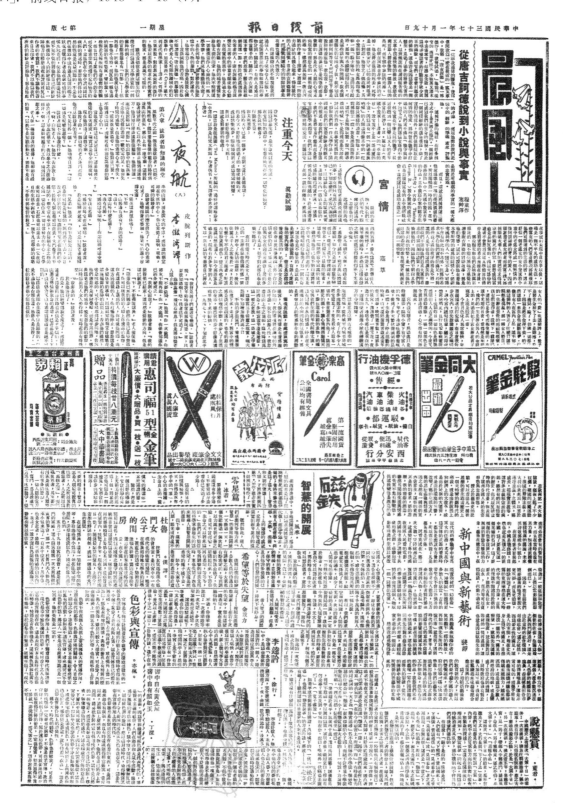

【187】E3.39 恒兴酒厂上海办事处. 贵州茅台酒之王　真正赖茅〔N〕. 飞报，1948－1－20 (1).

【188】E3.40 经销处先施公司、利川土产商店、重庆银耳行. 贵州茅台酒之王　真正赖茅 [N]. 前线日报，1948-1-20（7）.

【189】E3.41 经销处先施公司、利川土产商店、重庆银耳行. 贵州茅台酒之王　真正赖茅[N]. 前线日报，1948-1-21 (7).

【190】E3.42 经销处先施公司、利川土产商店、重庆银耳行. 贵州茅台酒之王 真正赖茅 [N]. 前线日报，1948-1-22（8）.

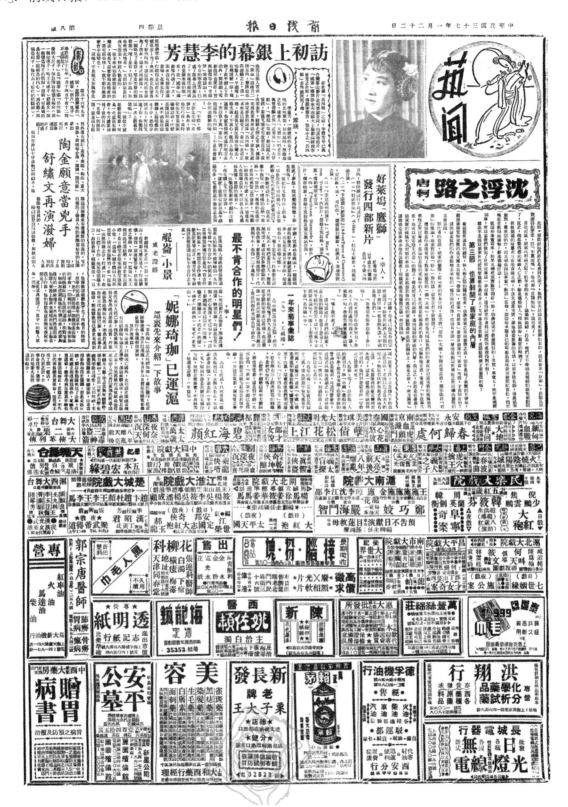

【191】E3.43 经销处先施公司、利川土产商店、重庆银耳行. 贵州茅台酒之王　真正赖茅 [N]. 前线日报，1948-1-23（8）.

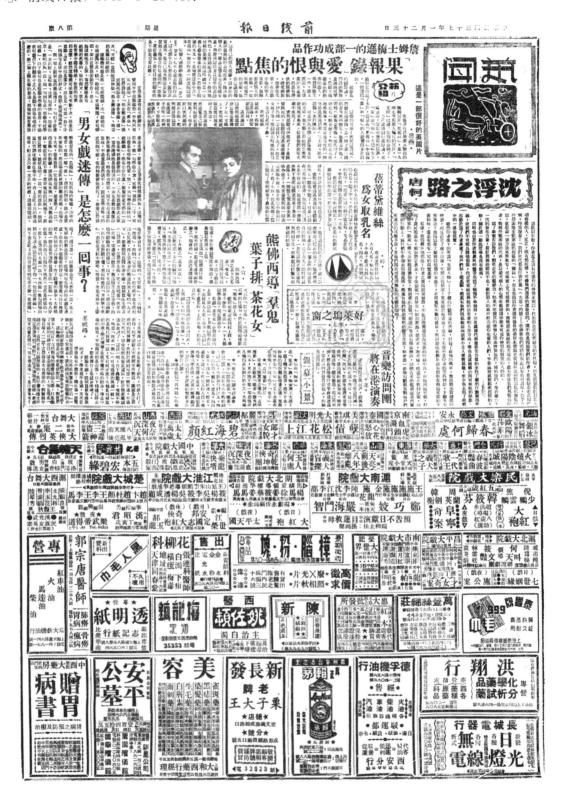

【192】E3.44 经销处先施公司、利川土产商店、重庆银耳行. 贵州茅台酒之王　真正赖茅 [N]. 前线日报，1948-1-24（8）.

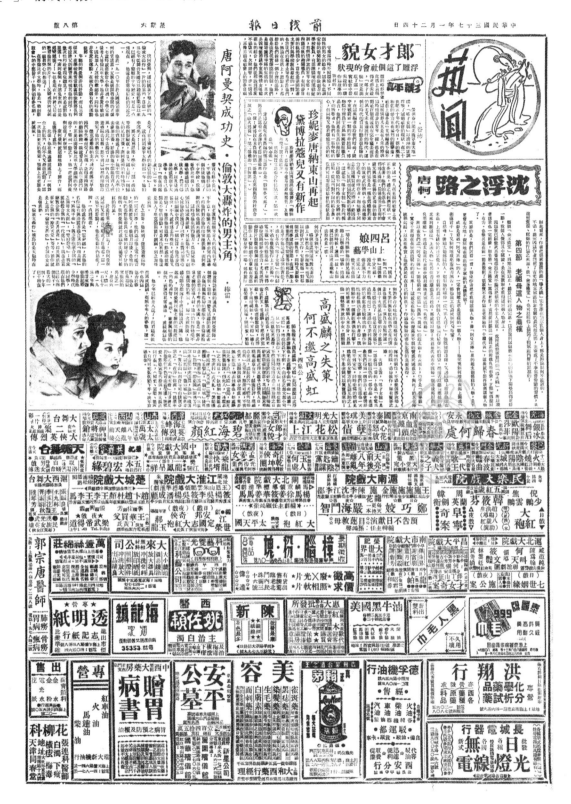

【193】E3.45 经销处先施公司、利川土产商店、重庆银耳行. 贵州茅台酒之王　真正赖茅 [N]. 前线日报，1948-1-25（8）.

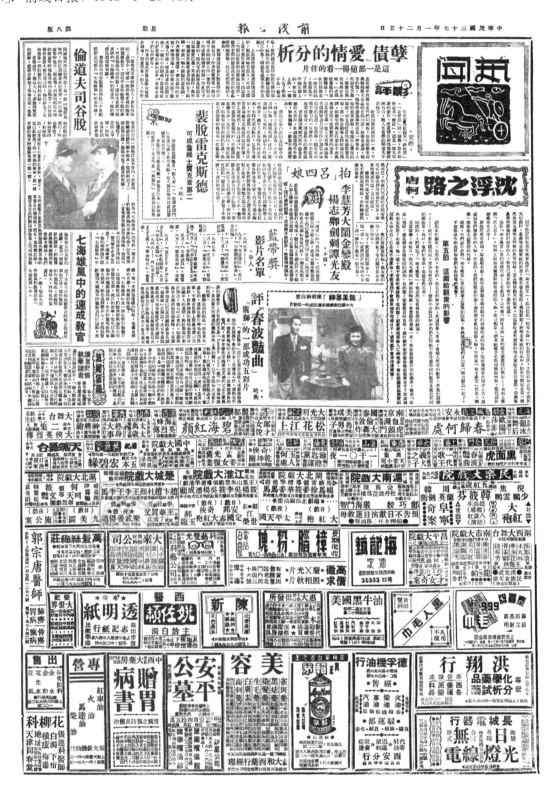

【194】E3.46 经销处先施公司、利川土产商店、重庆银耳行. 贵州茅台酒之王　真正赖茅[N]. 前线日报，1948-1-26（8）.

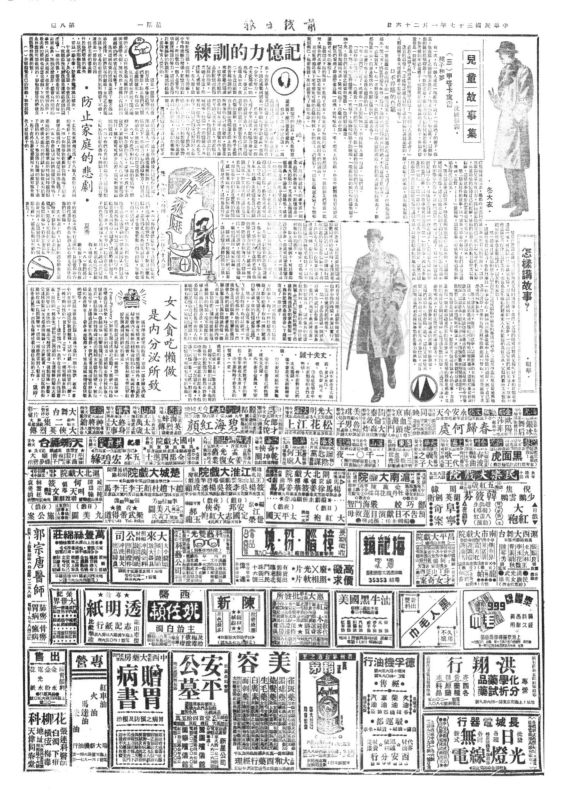

【196】E3.47 经销处先施公司、利川土产商店、重庆银耳行. 贵州茅台酒之王　真正赖茅 [N]. 前线日报，1948-1-27（8）.

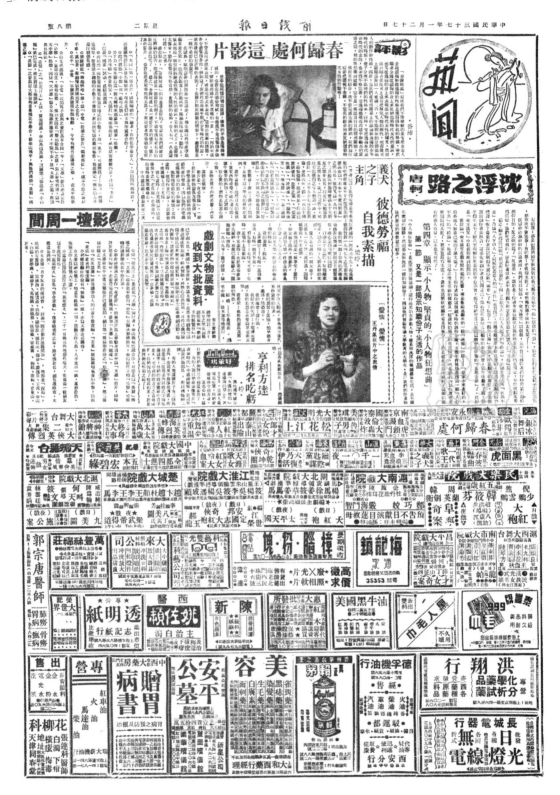

【197】E3.48 经销处先施公司、利川土产商店、重庆银耳行. 贵州茅台酒之王　真正赖茅[N]. 前线日报，1948-1-28（8）.

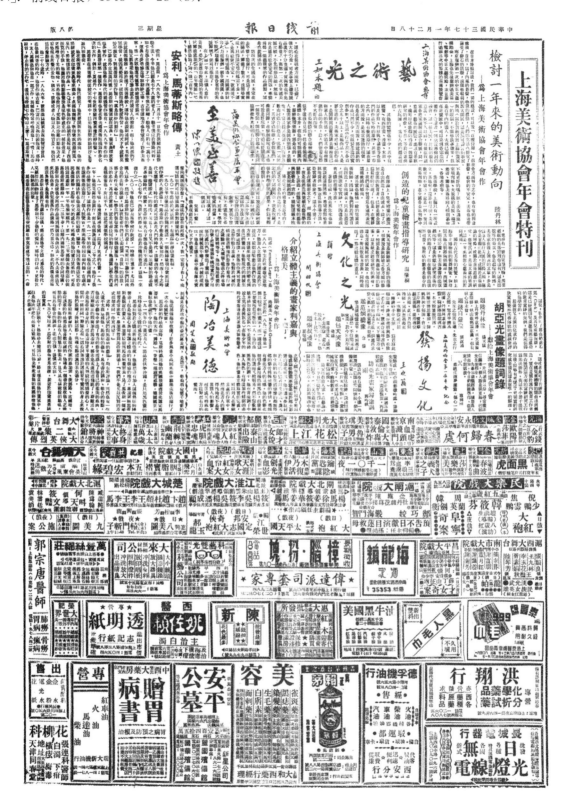

四、四川土产公司圈椒图茅台酒广告原文 9 则

【131】E4.1 四川土产公司. 圈椒图商标茅台酒［N］. 大公报（上海），1947－8－14（4）.

【148】E4.2 四川土产公司．真茅台酒［N］．新闻报，1947－10－28（3）．

【151】E4.4 四川土产公司.（圈椒图商标）茅台酒 [N]. 新闻报，1947－12－8（12）.

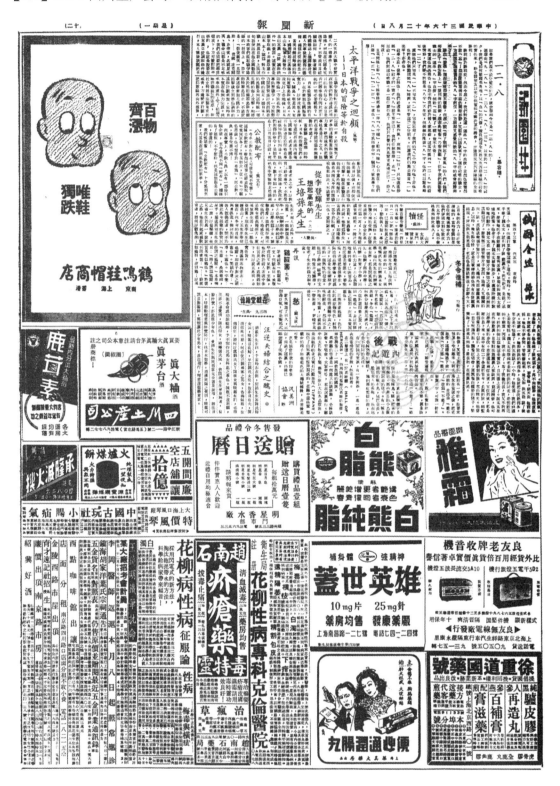

【204】E4.5 四川土产公司.（圈椒图商标）茅台酒 [N]. 新闻报，1948-5-8（2）.

【205】E4.6 四川土产公司．（圈椒图商标）茅台酒［N］. 大公报（上海），1948-5-12（4）.

【206】E4.7 四川土产公司.（圈椒图商标）茅台酒［N］. 飞报，1948-5-21（4）.

【222】E4.8 四川土产公司. 茅台酒［N］. 新闻报，1948-7-6（2）.

【225】E4.9 四川土产公司. 茅台酒 ［N］. 大公报（上海），1948−7−10（7）.

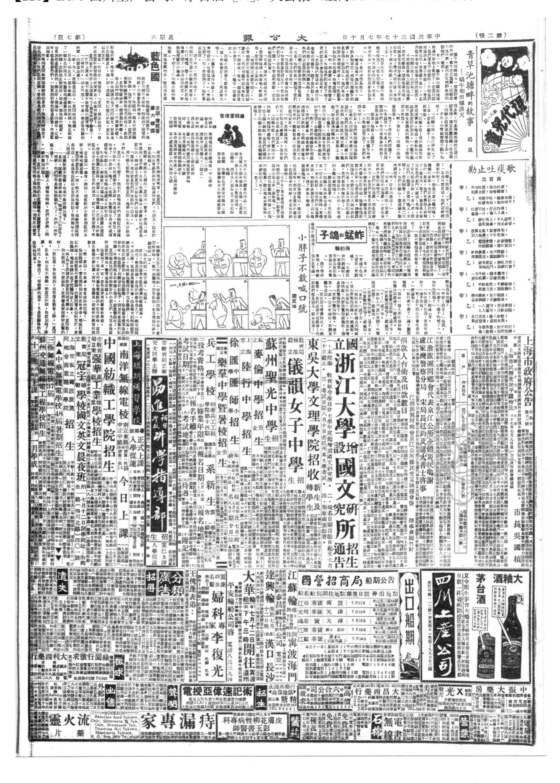

五、贵州茅酒公司越茅酒广告原文 3 则

【84】E5.1 贵州茅酒公司上海办事处. 越茅 [N]. 前线日报, 1947-3-6 (1).

六、长沙商栈回沙茅酒广告原文 2 则

【122】E6.1长沙商栈. 回沙茅酒［N］. 新闻报，1947－6－23（12）.

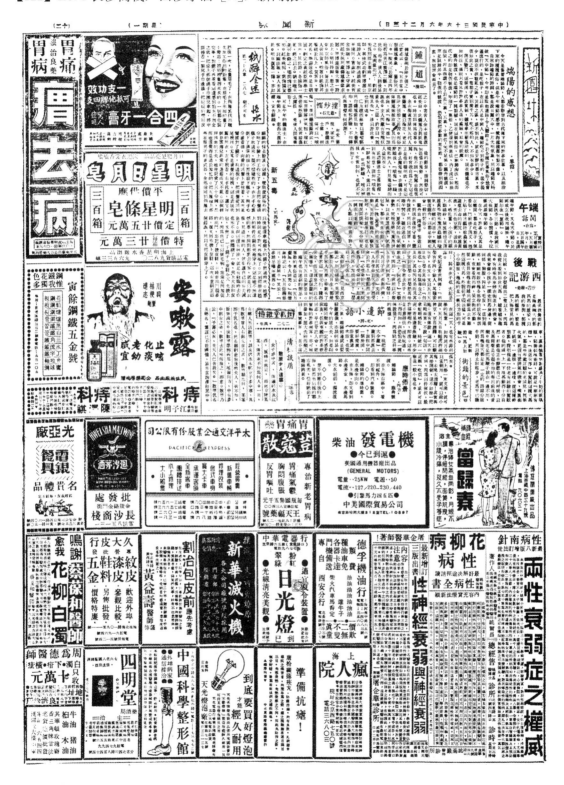

七、四川土产公司茅台酒广告原文 107 则

【74】E7.3 四川土产公司. 真大曲酒　真茅台酒［N］. 飞报，1947-1-25（2）.

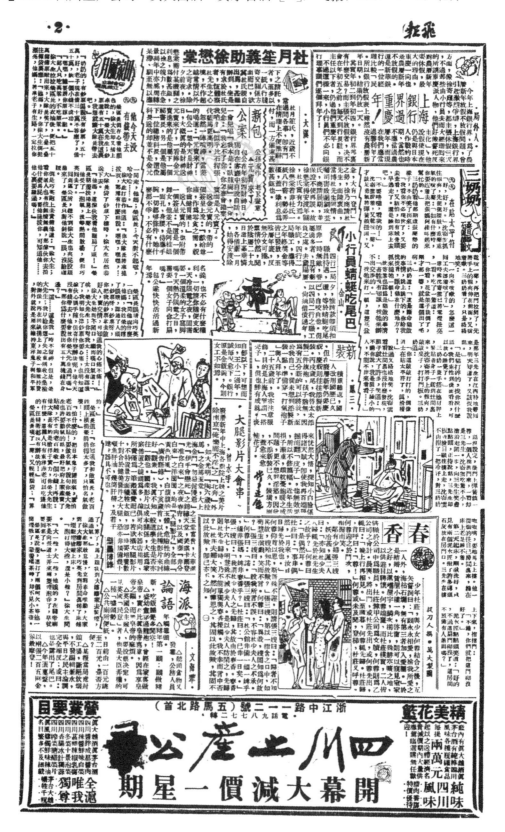

【76】E7.5 四川土产公司. 真茅台酒 [N]. 飞报，1947-1-29 (1).

【77】E7.6 四川土产公司. 真茅台酒 [N]. 飞报，1947-2-2（3）.

【90】E7.17 四川土产公司. 真茅台酒［N］. 飞报，1947-3-9（1）.

【93】E7.19 四川土产公司. 真茅台酒［N］. 大公报（上海），1947-3-10（5）.

【94】E7.20 四川土产公司. 真茅台酒［N］. 大公报（上海），1947-3-13（8）.

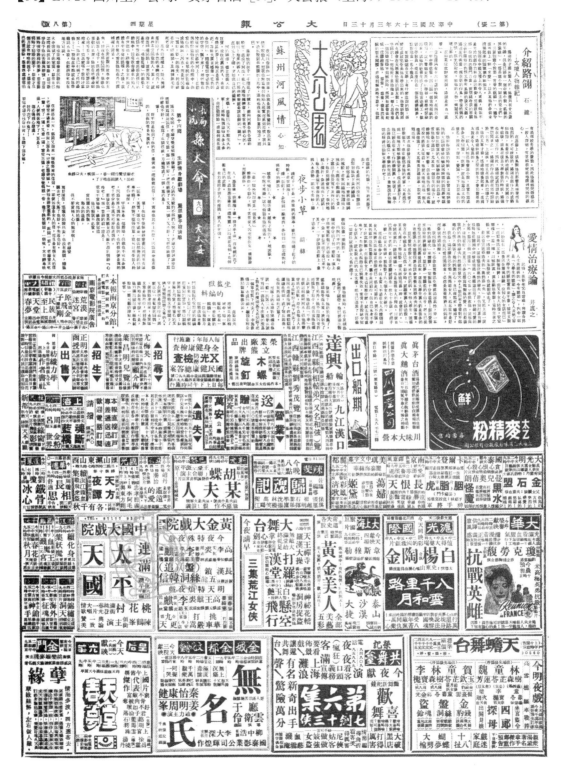

【95】E7.21 四川土产公司. 真茅台酒 [N]. 大公报（上海），1947-3-21（8）.

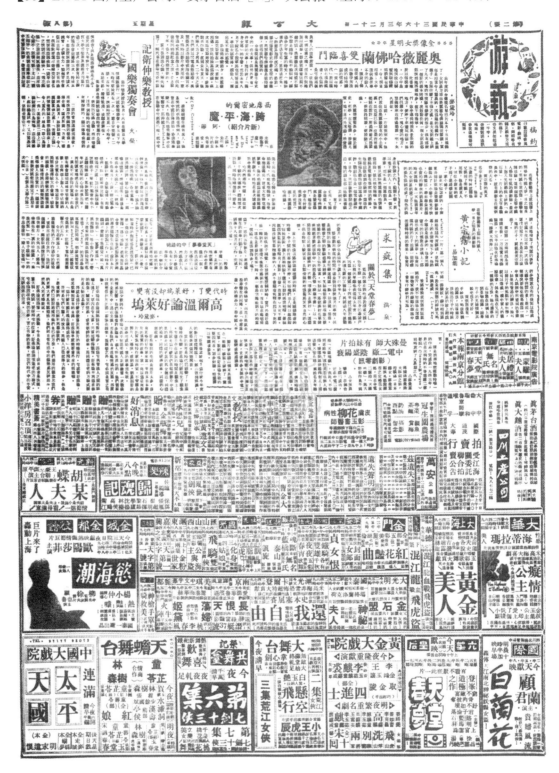

【96】E7.22 四川土产公司. 真茅台酒［N］. 大公报（上海），1947-3-22（4）.

【98】E7.23 四川土产公司. 真茅台酒 [N]. 大公报（上海），1947-3-25（1）.

【99】E7.24 四川土产公司. 真茅台酒 [N]. 大公报（上海），1947-3-26（8）.

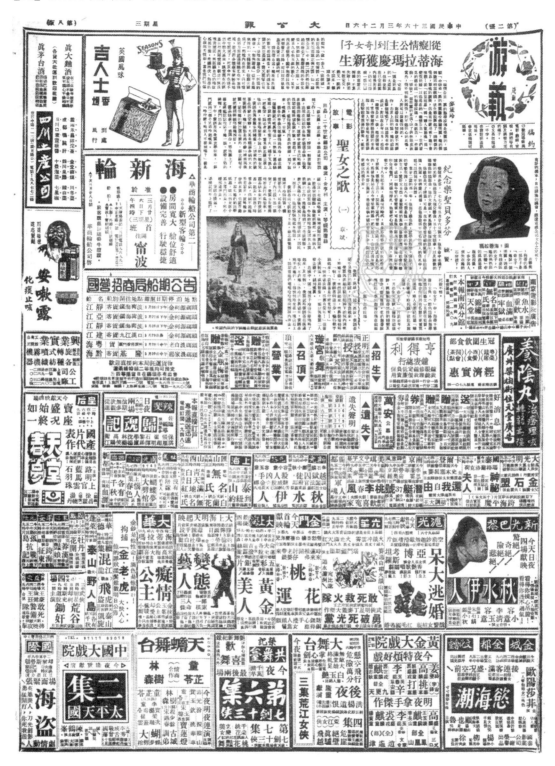

【102】E7.26 四川土产公司. 真茅台酒［N］. 新闻报，1947-4-10（2）.

【103】E7.27 四川土产公司. 真茅台酒［N］. 大公报（香港），1947－4－11（1）.

【105】E7.29 四川土产公司. 真茅台酒 [N]. 大公报（上海），1947-4-18（1）.

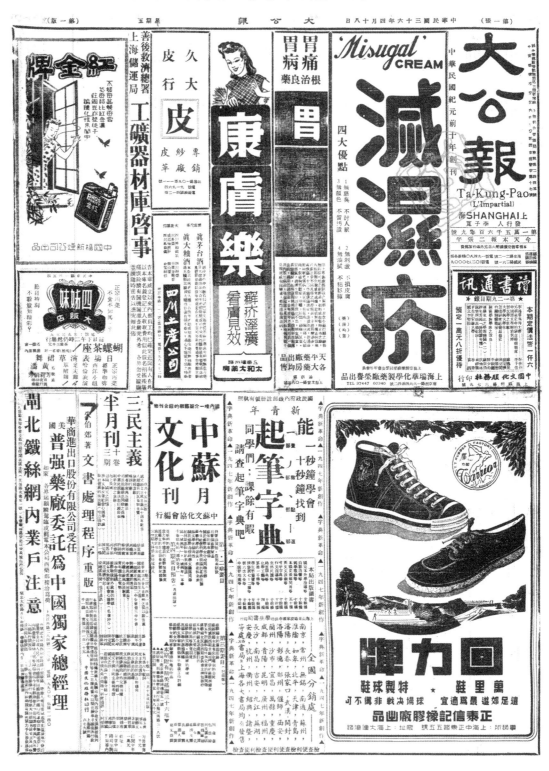

【106】E7.30 四川土产公司. 真茅台酒［N］. 大公报（香港），1947-4-18（1）.

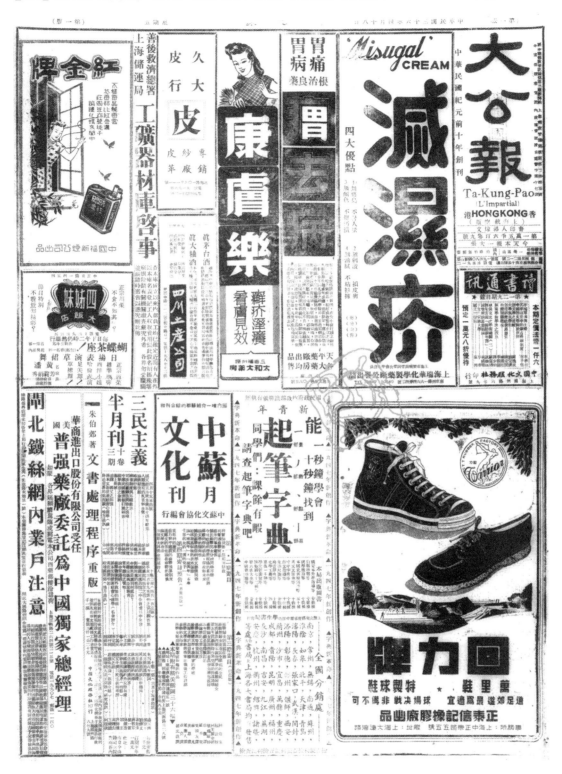

【107】E7.31 四川土产公司．真茅台酒［N］．新闻报，1947-4-19（2）．

【109】E7.33 四川土产公司. 真茅台酒［N］. 新闻报，1947-4-27（2）.

【113】E7.35 四川土产公司. 真茅酒真大曲 [N]. 大公报（上海），1947-5-15（1）.

【115】E7.37 四川土产公司．真茅台酒　真大曲酒［N］．飞报，1947-6-10（3）．

【116】E7.38 四川土产公司. 礼品真茅台酒真大曲酒 [N]. 新闻报，1947-6-12（2）.

【119】E7.41 四川土产公司. 礼品花篮　真茅台酒　真大曲酒［N］. 新闻报，1947－6－18（3）.

【121】E7.42 四川土产公司. 名贵礼品真茅台酒［N］. 新闻报，1947-6-22（2）.

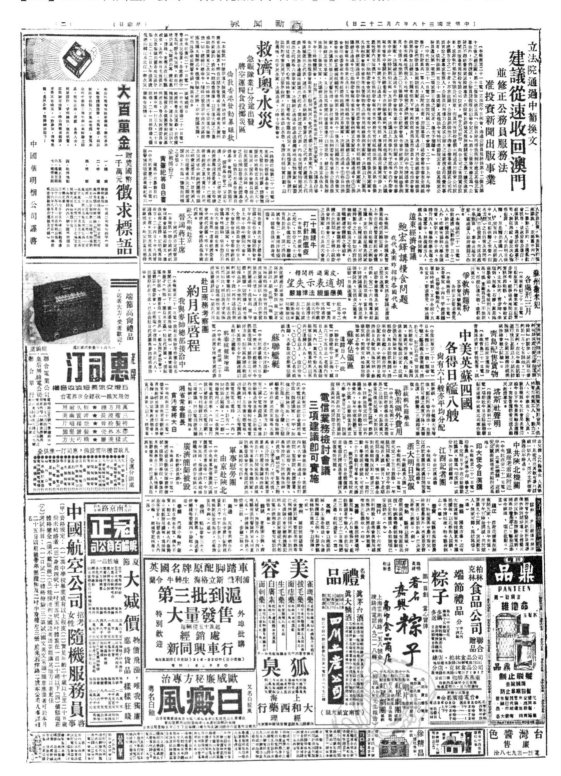

【125】E7.43 四川土产公司. 四川风味大本营　真茅台酒真大曲酒［N］. 新闻报，1947−7−5（3）.

【127】E7.44 四川土产公司. 真茅台酒 [N]. 新闻报，1947－7－14（12）.

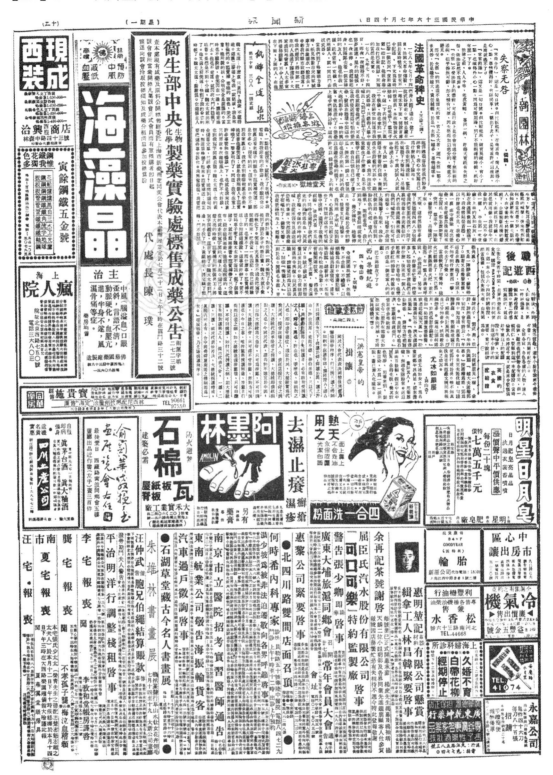

【136】E7.47 四川土产公司. 真大曲酒真茅台酒 [N]. 飞报，1947-9-18（2）.

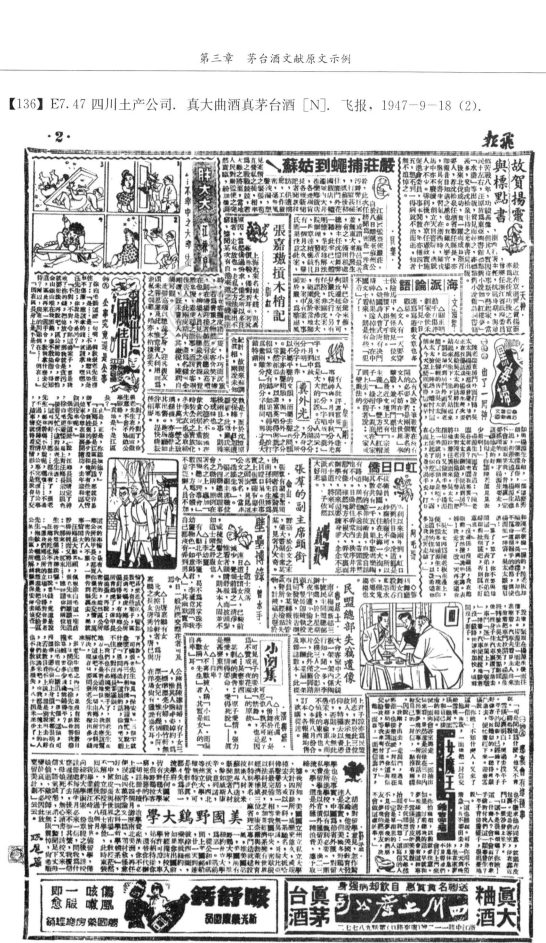

【137】E7.48 四川土产公司. 真大曲酒真茅台酒 [N]. 大公报（上海），1947－9－18（5）.

【138】E7.49 四川土产公司. 真大曲酒真茅台酒 [N]. 飞报，1947－9－19（3）.

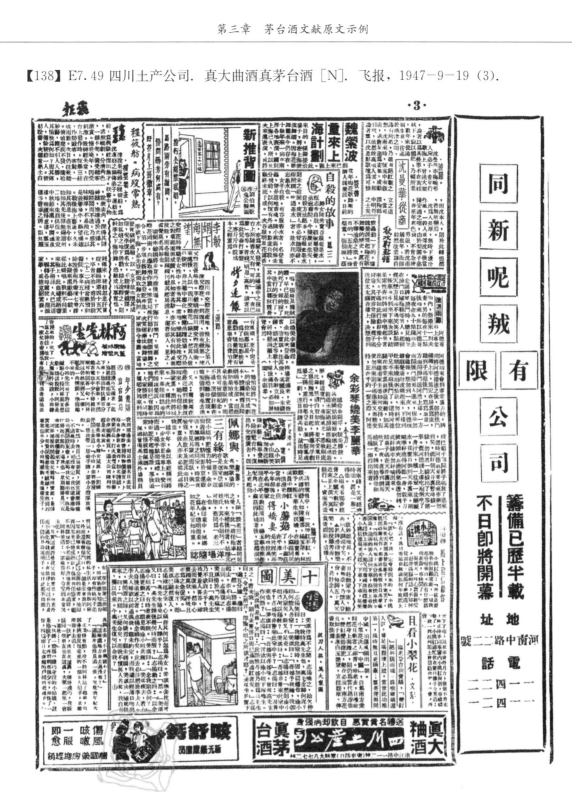

【140】E7.50 四川土产公司. 真茅台酒 [N]. 新闻报，1947-9-19（8）.

【141】E7.51 四川土产公司. 真大曲酒真茅台酒［N］. 飞报，1947-9-20（3）.

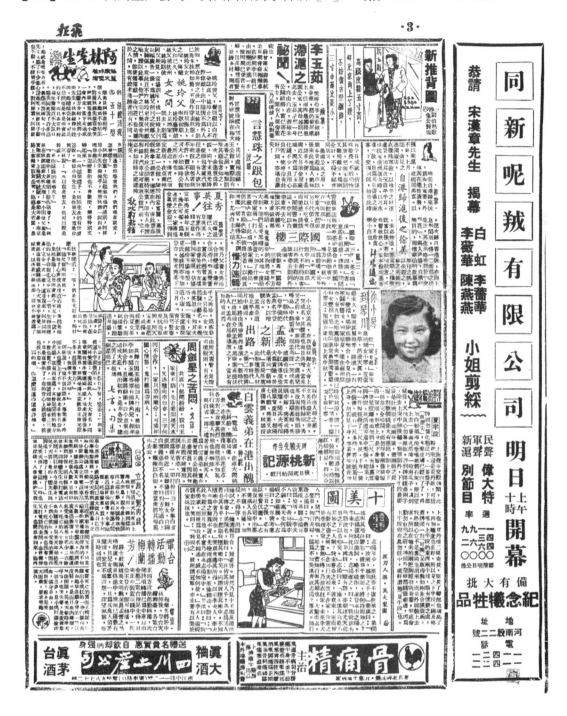

【146】E7.53 四川土产公司. 真大曲酒　真茅台酒［N］. 新闻报，1947－9－25（5）.

【195】E7.54 四川土产公司. 真茅台酒［N］. 大公报（上海），1948－1－26（6）.

【198】E7.55 四川土产公司. 大曲酒！茅台酒！[N]. 新闻报，1948-2-2 (7).

【200】E7.56 四川土产公司. 真大曲酒　真茅台酒［N］. 新闻报，1948－4－25（6）.

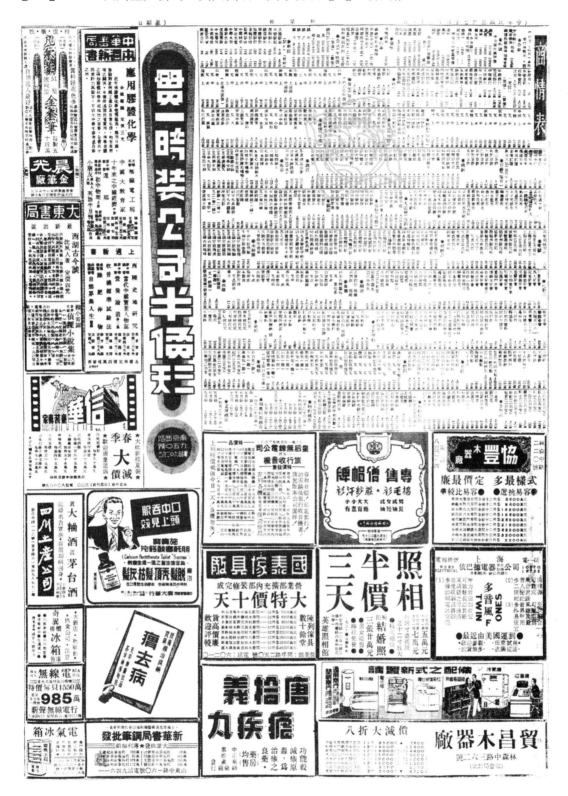

【201】E7.57 四川土产公司．真大曲酒　真茅台酒［N］．飞报，1948-5-4（1）．

【202】E7.58 四川土产公司. 大曲酒　真茅台酒［N］. 新闻报，1948-5-4（7）.

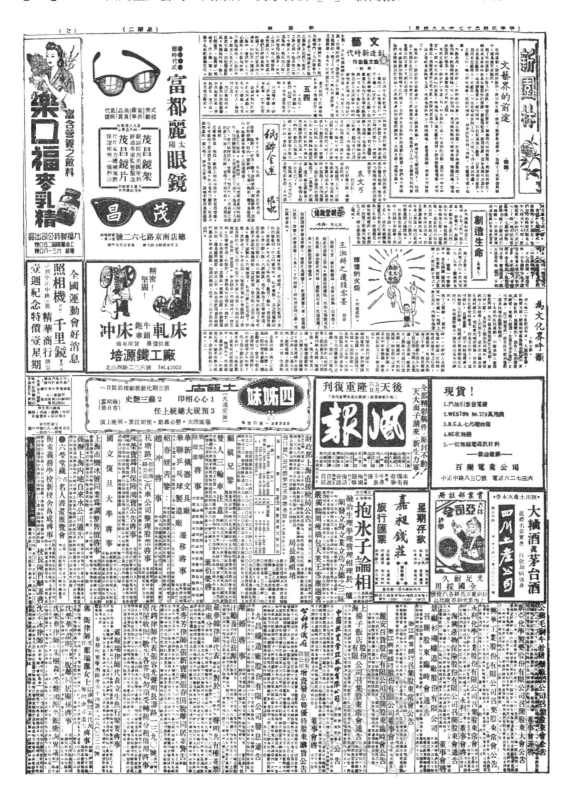

【203】E7.59 四川土产公司. 真大曲酒　真茅台酒 [N]. 飞报，1948-5-5（1）.

【210】E7.60 四川土产公司. 真大曲酒 真茅台酒 [N]. 飞报，1948－6－2（1）.

【211】E7.61 四川土产公司. 大曲酒！茅台酒！［N］. 新闻报，1948-6-4（2）.

【212】E7.62 四川土产公司. 真大曲酒　真茅台酒［N］. 飞报，1948－6－6（1）.

【213】E7.63 四川土产公司. 真大曲酒　真茅台酒 ［N］. 飞报，1948-6-8（1）.

【214】E7.64 四川土产公司. 端节礼品　茅台酒　大曲酒［N］. 新闻报，1948-6-8（9）.

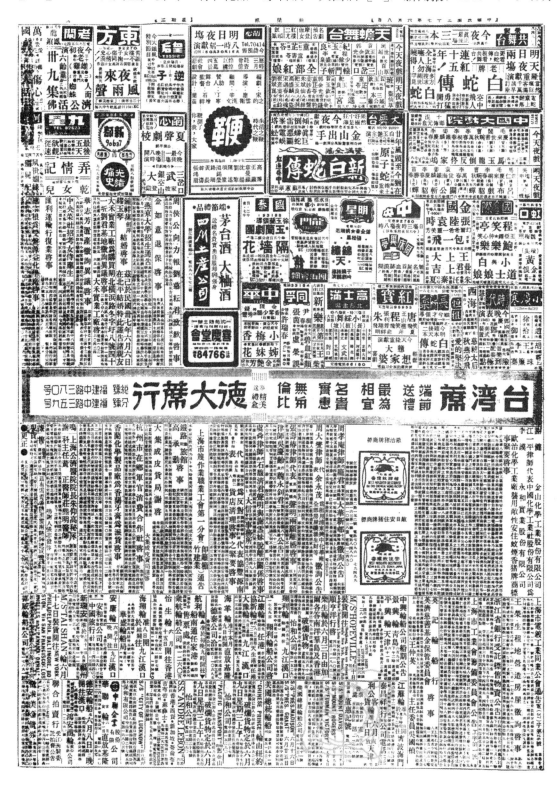

【215】E7.65 四川土产公司. 真大曲酒 真茅台酒 ［N］. 罗宾汉，1948－6－9（1）.

【216】E7.66 四川土产公司. 真大曲酒 真茅台酒 [N]. 飞报，1948-6-9（2）.

【217】E7.67 四川土产公司. 真大曲酒　真茅台酒［N］. 罗宾汉，1948－6－10（1）.

【218】 E7.68 四川土产公司. 端节礼品 夏大曲酒 真茅台酒 [N]. 飞报，1948-6-10（2）.

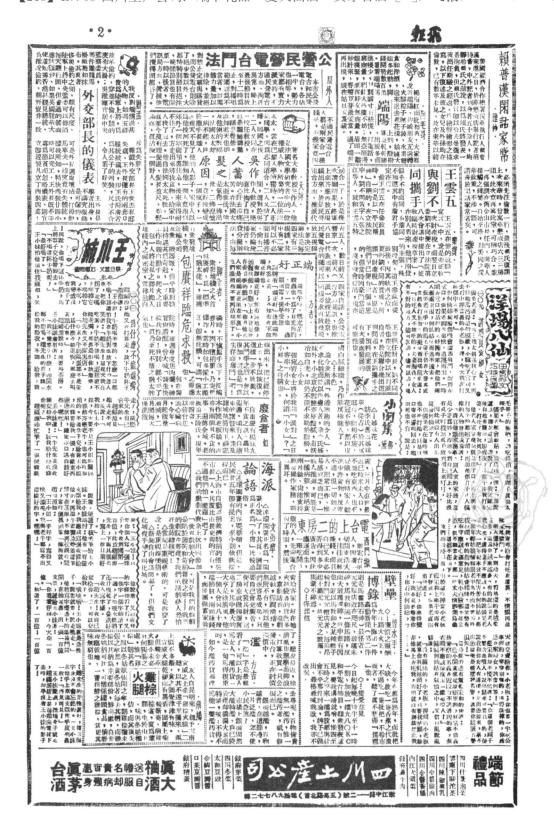

【219】E7.69 四川土产公司．茅台酒　大曲酒［N］．大公报（上海），1948－6－10（7）．

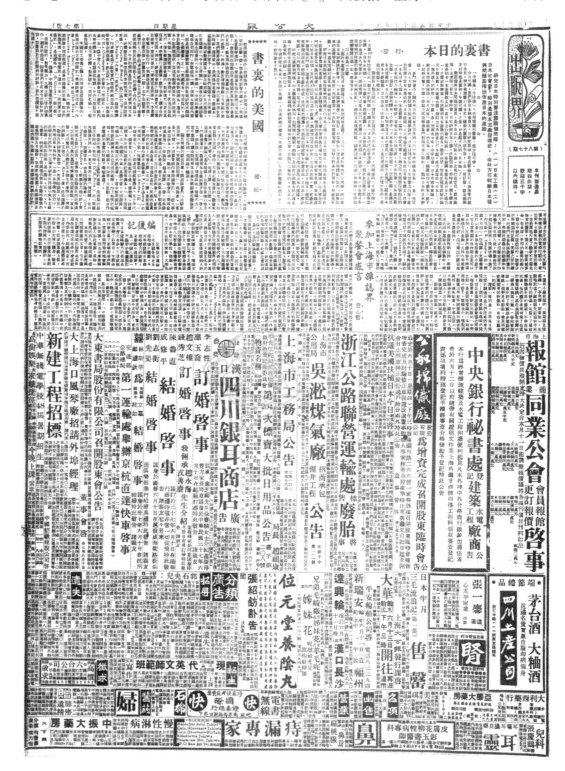

【220】E7.70 四川土产公司. 端节礼品　真大曲酒　真茅台酒 [N]. 飞报，1948-6-11（2）.

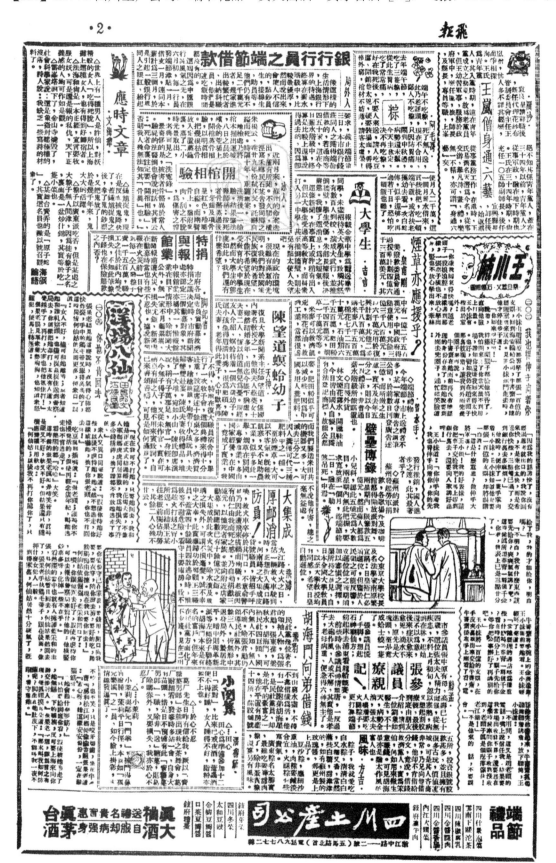

【221】E7.71 四川土产公司. 真大曲酒 真茅台酒 [N]. 飞报，1948-7-2（1）.

【226】E7.73 四川土产公司. 真大曲酒　真茅台酒［N］. 飞报，1948−7−18（3）.

【227】E7.74 四川土产公司. 大曲酒 茅台酒 [N]. 大公报（上海），1948-7-29（4）.

【228】E7.75 四川土产公司. 真大曲酒 真茅台酒 [N]. 飞报，1948-8-14（3）.

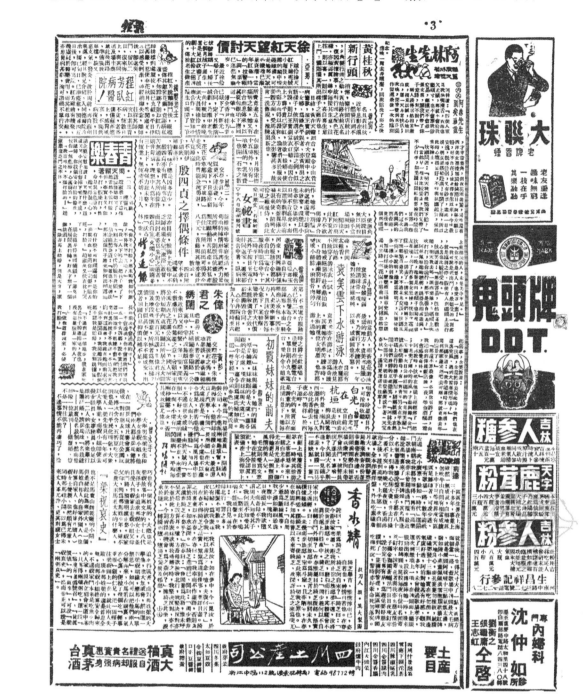

【229】E7.76 四川土产公司. 真大曲酒　真茅台酒［N］. 飞报，1948－8－17（2）.

【230】E7.77 四川土产公司. 真大曲酒　真茅台酒［N］. 飞报，1948−8−29（3）.

【231】E7.78 四川土产公司. 真大曲酒 真茅台酒 [N]. 飞报，1948-8-30（1）.

【232】E7.79 四川土产公司. 真大曲酒　真茅台酒［N］. 飞报，1948－9－4（4）.

【233】E7.80 四川土产公司. 大曲酒 茅台酒 [N]. 新闻报，1948-9-11（2）.

【234】E7.81 四川土产公司. 大曲酒　茅台酒［N］. 飞报，1948-9-16（2）.

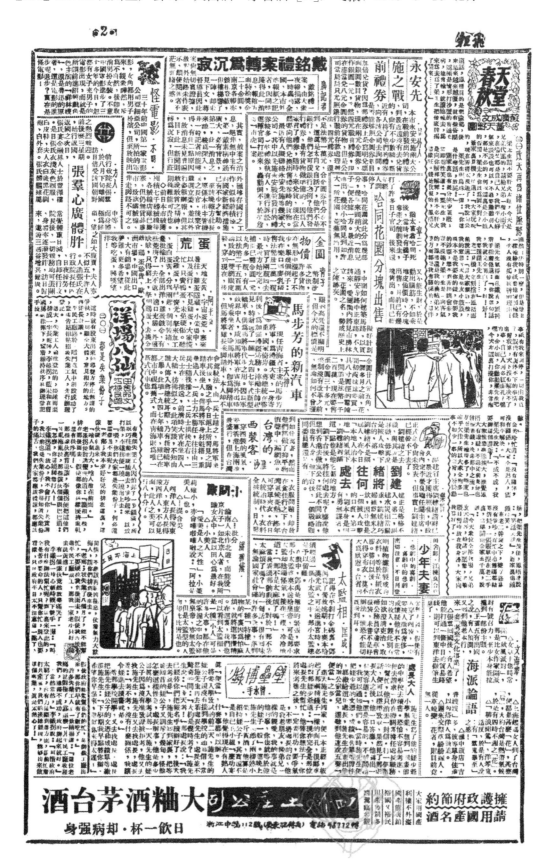

【235】E7.82 四川土产公司. 大曲酒　茅台酒［N］. 飞报，1948－10－5（3）.

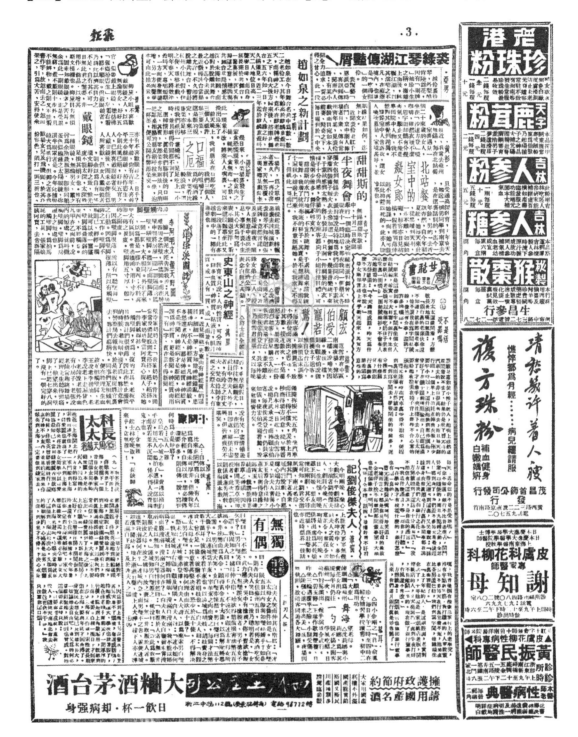

【237】E7.83 四川土产公司. 大曲酒　茅台酒［N］. 飞报，1948－10－17（3）.

【238】E7.84 四川土产公司. 大曲酒 茅台酒 [N]. 新闻报，1948-11-17（2）.

【239】E7.85 四川土产公司. 大曲酒　茅台酒［N］. 飞报，1948-11-18（2）.

【240】E7.86 四川土产公司. 大曲酒　茅台酒 [N]. 飞报，1948-11-21（3）.

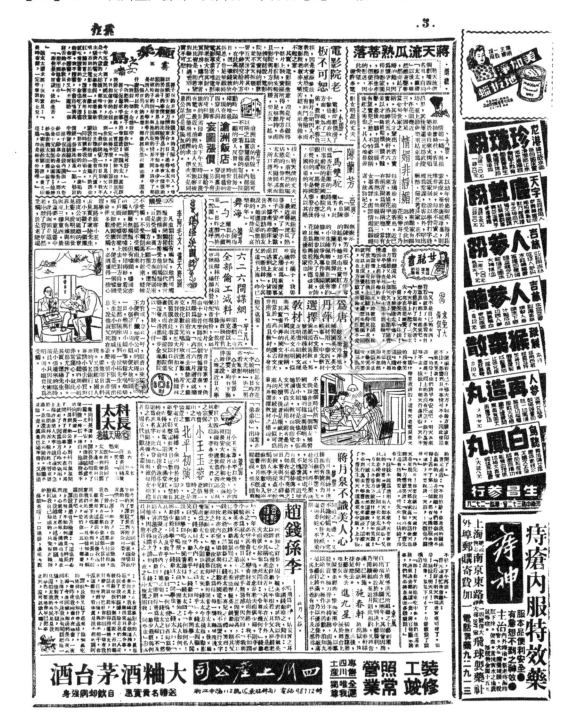

【241】E7.87 四川土产公司. 大曲酒　茅台酒［N］. 新闻报，1948-12-6（3）.

【242】E7.88 四川土产公司. 大曲酒　茅台酒 [N]. 飞报，1948−12−7（4）.

【243】E7.89 四川土产公司．大曲酒　茅台酒［N］．铁报，1948-12-7（4）．

【244】E7.90 四川土产公司. 大曲酒 茅台酒 [N]. 新闻报，1948-12-9 (3).

【245】E7.91 四川土产公司. 大曲酒 茅台酒 [N]. 大公报（上海），1948-12-12（3）.

【246】E7.92 四川土产公司. 大曲酒 茅台酒 [N]. 新闻报，1948-12-14（3）.

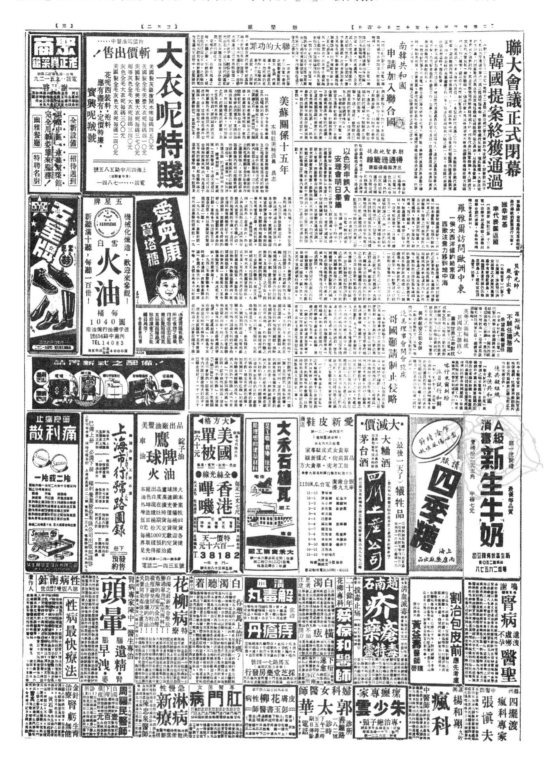

【247】E7.93 四川土产公司. 大曲酒　茅台酒 ［N］. 新闻报，1948-12-23（7）.

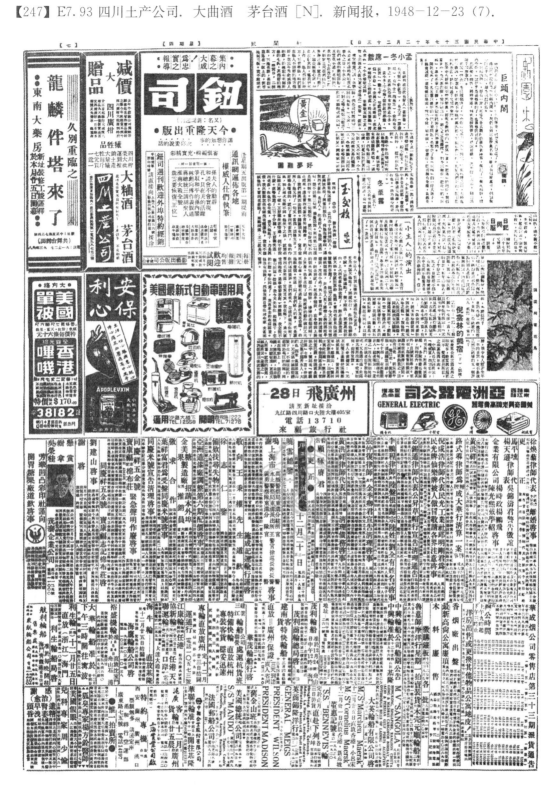

【248】E7.94 四川土产公司. 大曲酒　茅台酒［N］. 大公报（上海），1948-12-24（3）.

【249】E7.95 四川土产公司. 大曲酒　茅台酒 [N]. 新闻报，1948-12-27 (2).

【250】E7.96 四川土产公司. 大曲酒　茅台酒 ［N］. 大公报（上海），1948-12-28（3）.

【251】E7.97 四川土产公司. 大曲酒 茅台酒 [N]. 飞报，1948-12-30（3）.

【252】E7.98 四川土产公司. 大曲酒 茅台酒 [N]. 新闻报，1948-12-30（5）.

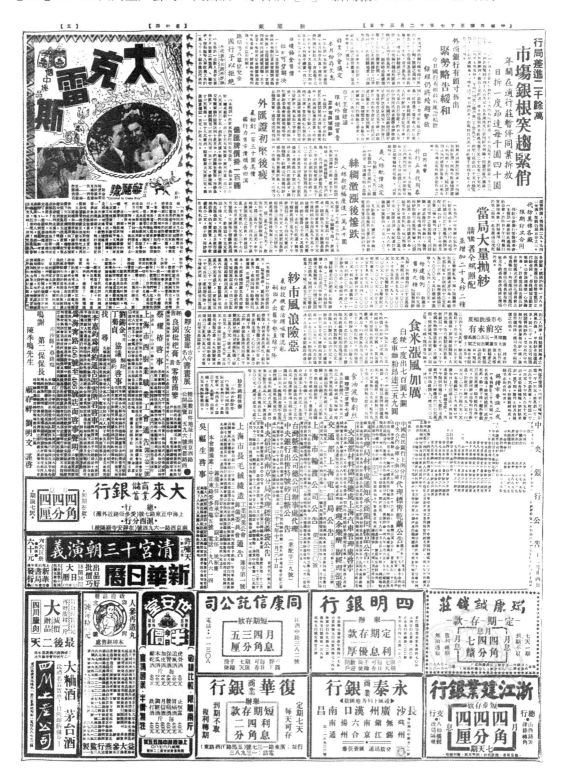

【253】E7.99 四川土产公司. 大曲酒　茅台酒［N］. 新闻报，1948-12-31（2）.

【254】E7.100 四川土产公司. 大曲酒　茅台酒［N］. 飞报，1948-12-31（2）.

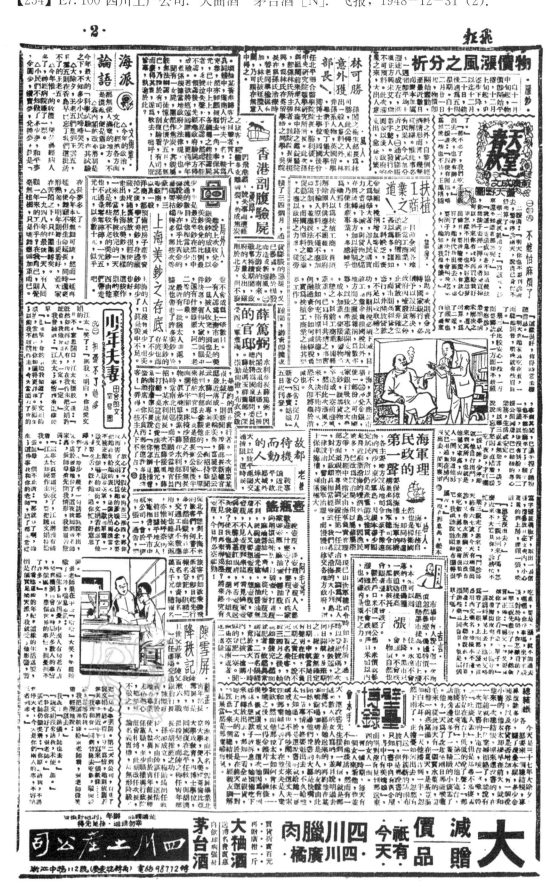

【255】E7.101 四川土产公司. 大曲酒　茅台酒 [N]. 新闻报，1949-1-1 (7).

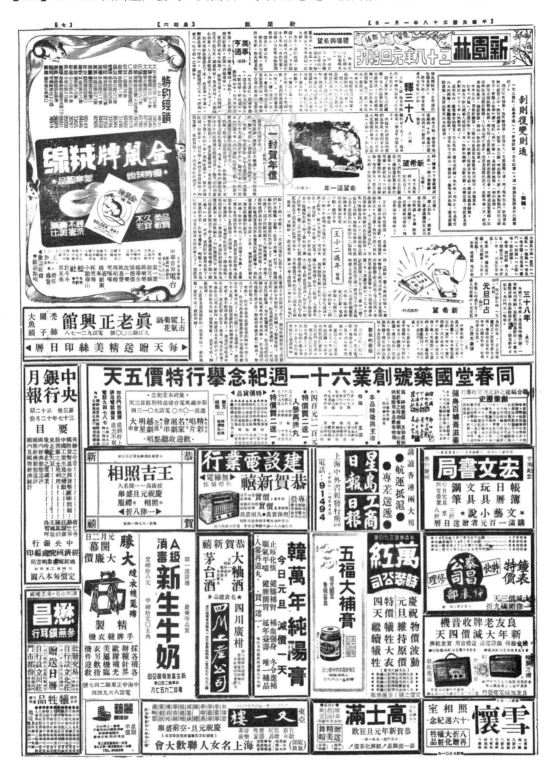

【256】E7.102 四川土产公司. 大曲酒　茅台酒 ［N］. 新闻报，1949-1-15（10）.

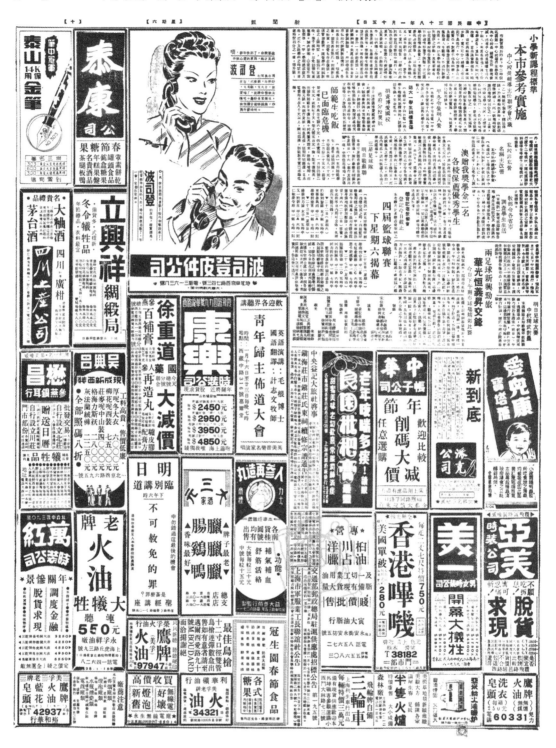

【257】E7.103 四川土产公司. 大曲酒 茅台酒［N］. 大公报（上海），1949-1-16（3）.

【258】E7.104 四川土产公司. 四川土产大本营　大曲酒　茅台酒［N］. 飞报，1949－1－21（2）.

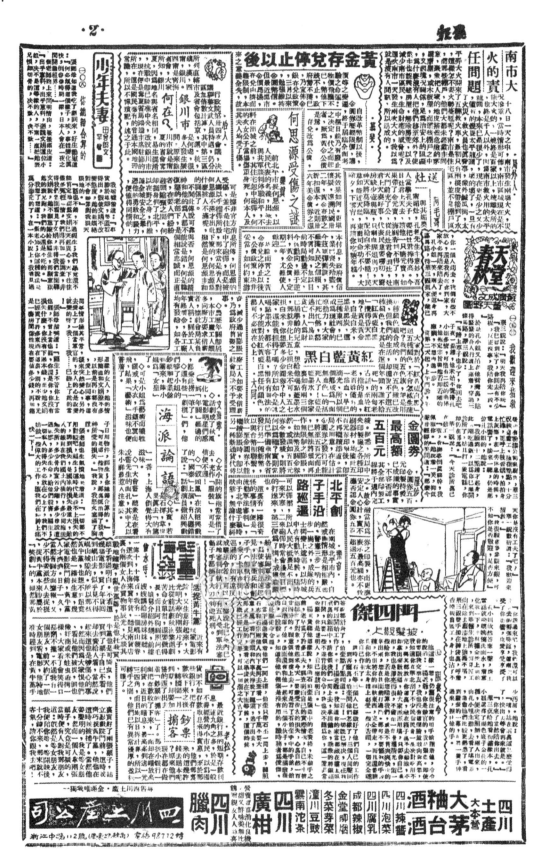

【259】E7.105 四川土产公司. 春节特价　大曲酒　茅台酒［N］. 大公报（上海），1949－1－23（5）.

【260】E7.106 四川土产公司. 真大曲酒　真茅台酒 [N]. 大公报（上海），1949-1-25（6）.

【261】E7.107 四川土产公司. 大曲酒 茅台酒 [N]. 新闻报，1949-1-26（3）.

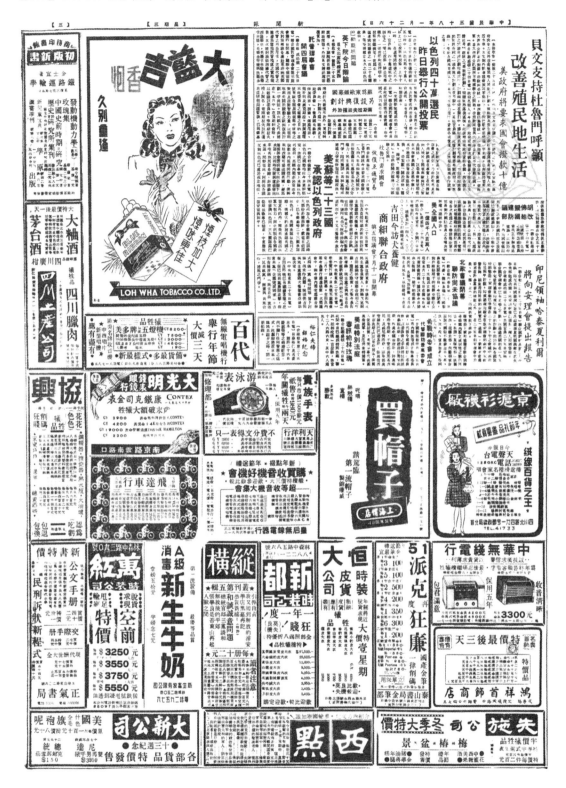

参考文献

［1］禹坡. 仁怀县草志［M］.（清）嘉庆二十一年（1816），物产二十三.

［2］平翰（郑珍，莫友芝）. 遵义府志［M］.（清）道光二十一年（1841），卷十七之五十六.（国家图书馆中华经典古籍库在线电子书），（清）光绪十八年（1892），卷十七之五十六：111-112.）

［3］吴振棫. 黔语［M］.（清）咸丰四年（1854），卷下之二十一.

［4］周恭寿（杨兆麟，赵恺，杨恩元）［M］. 续遵义府志［M］. 1936年，卷十二物产六十三；卷三十四艺文三诗五十二；卷三十四艺文三诗六十六.

［5］郑珍. 巢经巢诗钞［M］.（清）咸丰四年（1854），卷六之九.

［6］崇俊. 增修仁怀厅志［M］.（清）光绪二十八年（1902），卷之八艺文十一.

［7］上海图情信息有限公司. 全国报刊索引. 晚清民国报刊全文数据库［DB/OL］.

［8］中国国家图书馆. 中国历史文献总库. 民国图书数据库［DB/OL］.

［9］中国国家图书馆. 中华经典古籍库［DB/OL］.

［10］中国社会科学院. 抗日战争与近代中日关系文献数据平台［DB/OL］.

后 记

岁次庚子，寰球大疫。举国抗击新型冠状病毒肺炎疫情，众志成城。遵政令而僻处，幸赖有网络、微信等现代资讯工具，亦复能远程访问数据库。吾等乃商，集民国茅台酒文献并释注之，以为酒类专业教学及有兴趣研究者之参考，亦为保存珍稀历史文献之功用。是为缘起，免虚度光阴耳。

中国酒历史源远流长，中华酒文化博大精深，幸逢茅台集团光大民族品牌，深挖"茅台是酒文化极致"内涵，走好"紫线"发展道路，搜集好茅台酒历史文献，一直是吾辈责无旁贷之责任。疫情初期，吾与图书文献专家夏君绍模先生沟通、请教，竟成共鸣。大家一起参与茅台酒历史文献的收集、整理、研讨。最终，得民国时期茅台酒文献两百余篇。对这些文献进行了去粗取精加以筛选，剔除不妥当、不正确或不清晰的 22 篇。然后，对这两百余篇民国时期茅台酒文献，分析之，归类之，注解之。

关于"咸同兵燹"后"华茅""王茅""赖茅"创制时间，本文序言中部分采用了茅台集团官网相关文章描述，这个描述与"咸同兵燹"相关史实吻合。其实，"咸同兵燹"之前，"蜀盐走贵州，秦商聚茅台"，茅台酒已经很盛行了。相关史实，尚待进一步挖掘、厘清，故不在本书讨论之列。

此外，需要说明的是，本书编著者的初衷和主要贡献在于竭尽全力收集到晚清民国时期的"茅台酒"文献 286 篇（264 篇）予以整理永久保存，目的是忠实于原版原文风貌。而我们的分析、注解以及茅台酒史时期阶段的划分，乃一家之言，权作抛砖引玉，并静待挖掘之。

成事虽小，却必得所需信息支撑。这些文献大多数源于上海图书馆《全国报刊索引·晚清民国报刊全文数据库》，中国国家图书馆的《中国历史文献总库·民国图书数据库》《中华经典古籍库》，以及中国社会科学院的《抗日战争与近代中日关系文献数据平台》。为此，特鸣谢上海图书馆、中国国家图书馆、中国社会科学院，以及其他相关图书、期刊论文的责任者。

2021 年，甫庆祝中国共产党建党百年。又恰逢国营茅台集团建厂七十周年，正所谓"酒债寻常行处有，人生七十古来稀"（杜甫·曲江二首），走过七十年峥嵘岁月，茅台集团欣欣向荣。不禁慨然，建党强国富民，百年伟业凸显，天时乎？地利乎？人和乎？天时地利人和俱备，华夏复兴，当其时乎！

谨记。

茅台学院　胡玉智　陈志芳
（原）后勤工程学院　夏绍模
2022 年 3 月